뼈의 학교 3

KB001632

뼈의 학교 3

콘티키호의 물고기들

모리구치 미쓰루 글·그림

박소연 옮김

쏠배감펭(지느러미뼈 포함) 5.9cm

가시복 12.8cm

잉어 10.1cm

빨판상어 17.8cm

창꼬치 11.5cm

무태장어 8.6cm

세줄가는돔 4.7cm

항알치 21.7cm

갈치 20.2cm

다음 중
먹을 수 없는 물고기는?

돛란도어 16.7cm

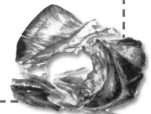

만새기 14.5cm

숲의전설

차례

1
식탁의 뼈 바르기 프로젝트

식탁의 물고기 뼈　　　　　· 8

수수께끼의 물고기 뼈　　　· 19

물고기 귓속돌　　　　　　· 36

원양의 물고기　　　　　　· 51

2
콘티키호의 물고기들

시장의 상어　　　　　　　· 62

빨판상어의 뼈　　　　　　· 75

빨판상어 파티　　　　　　· 89

물고기들의 진화　　　　　· 98

꽁치의 이빨　　　　　　　· 107

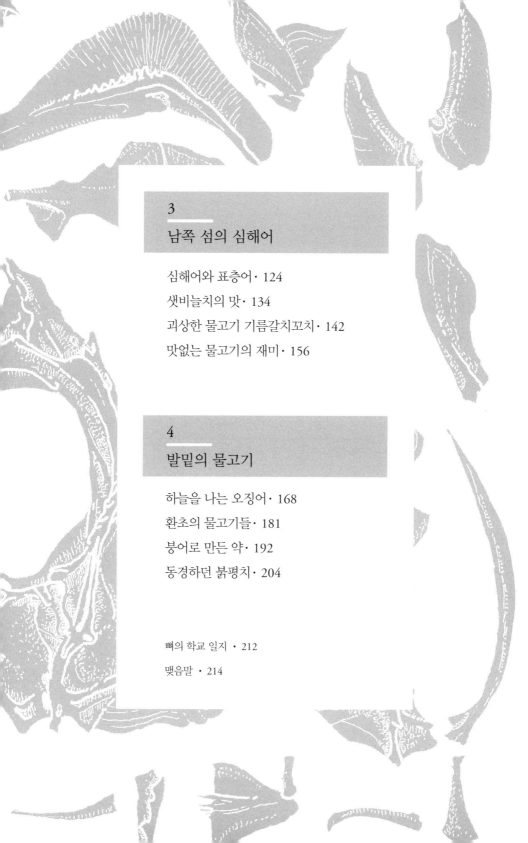

3

남쪽 섬의 심해어

심해어와 표층어· 124

샛비늘치의 맛· 134

괴상한 물고기 기름갈치꼬치· 142

맛없는 물고기의 재미· 156

4

발밑의 물고기

하늘을 나는 오징어· 168

환초의 물고기들· 181

붕어로 만든 약· 192

동경하던 붉평치· 204

뼈의 학교 일지 · 212

맺음말 · 214

1
식탁의 뼈 바르기 프로젝트

점박이곰치 116mm

식탁의 물고기 뼈

"뭐 하려고? 동물들 줄 먹이를 챙기는 거야?"

아침 식사로 연어 구이가 올라왔다. 연어에서 뼈를 발라내 비닐봉지에 넣는 모습을 보고 친구인 게무리가 묻는다.

여기는 지바현의 산속에 있는 여관이다. 어제 오키나와에서 올라와 대학 동창들과 하룻밤을 보냈다. 밤새 옛 친구들과 회포를 푸느라 취기가 가시지 않은 상태로 아침을 맞았다. 아침상에는 소금에 절인 연어 구이, 오크라, 햄에그, 낫토, 오징어, 된장국이 올라왔다.

"동물들 주려는 게 아니라 매일 끼니때마다 나오는 뼈들을 모으고 있어. 1년 동안 뼈를 모으면 어떻게 될지 궁금해서 말이야. 이를테면 우리 집에 작은 조개 무덤을 만든다고나 할까."

연어 뼈를 모으는 이유를 그렇게 설명했더니 게무리가 큰 소리로 웃었다.

"대체 왜 그런 짓을 하는 거야?"

한바탕 웃고 나서 게무리가 물었다.

"그 뼈를 모아서 가져가면 씻는 거야?"

"아니. 물고기 뼈는 기름이 많아서, 물에 넣고 두 번 정도 끓인 다음 건져 내. 그러고 나서 틀니 세정제를 물에 타서 거기에 담가 둬. 한참 지나면 세정제에 들어 있는 효소가 작용해서 뼈가 깨끗해지거든. 그런 다음 말리면 끝나."

내 얘기를 들은 게무리는 어이없다는 표정을 지으면서도 힘들겠다며 걱정도 해 준다. 하지만 정작 나는 힘들다는 생각을 한 번도 해 본 적이 없다.

그날 점심은 숙소에서 준비해 준 도시락을 먹었다. 튀김을 비롯한 몇 가지 반찬이 나왔는데, 거기서는 뼈가 나오지 않았다.

저녁때는 친척 집에 들렀다가 근사하게 차려 준 저녁을 먹게 되었다. 메뉴는 모둠회였다. 회에서는 당연히 뼈가 나오지 않는다.

이날 하루 동안 얻은 뼈는 연어 척추뼈 세 개, 갈비뼈 여러 개였다. 작년 이즈음부터 끼니때마다 뼈를 모으기 시작했으니 이제 딱 1년이 된다.

어느 날 저녁 메뉴는 삶은 돼지고기 샐러드, 돼지고기 육수로 끓인 국, 연근 볶음이었다. 한 가지 말해 두자면, 나는 요리하는 것을 좋아해서 거의 매일 주방에서 직접 요리를 한다. 이날 식탁에는 스기모토가 앉아 있었다.

"언제나 선생님께 모이를 받아먹는 기분이 들어요."

스기모토가 웃으며 말했다.

스기모토는 나보다 열 살 정도 어린 청년이다. 몸은 호리호리하고 긴 갈색 머리를 질끈 묶고 있으며, 한쪽 눈썹을 밀었는데 눈썹 역시 갈색으로 물들였다. 손가락에는 손톱 몇 개만 검은색 매니큐어를 칠

했다.

스기모토를 한마디로 말한다면 '곤충 박사'라고 해야 할 것이다. 간사이 지방 출신으로, 어릴 적부터 곤충 채집을 아주 좋아했다고 한다. 지금은 오키나와에 살면서 특기를 살려 프리랜서 환경 조사원으로 일하고 있다.

오키나와의 곤충에 대해 스기모토보다 잘 아는 사람은 없다. 그래서 나는 곤충을 보고 궁금한 것이 있으면 언제나 스기모토에게 묻곤 한다.

"선생님을 알고 나서 저도 뼈를 줍게 되었어요."

스기모토 역시 내가 하는 일을 흥미롭게 여겼고, 곤충 박사인 스기모토가 뼈를 주워 우리 집으로 놀러 오게 되었다. 그리고 그런 스기모토에게 맛있는 식사를 차려 주는 것이 나의 일상이 되었다.

이날도 저녁밥을 먹은 후에 스기모토와 이런저런 이야기를 나누었다. 처음에는 대부분 농담으로 시작한다.

"선생님은 배낭에 뼈를 넣고 강연하러 다니시잖아요. 그렇다면 뼈를 주워서 집어넣기만 해도 저절로 골격 표본이 만들어져 나오는 배낭이 있다면 얼마나 좋을까요? '마법의 뼈 배낭'이라고나 할까요."

그렇게 말하고서 스기모토는 신비한 마법 배낭을 특기인 만화로 그리기 시작했다.

"맞아, 그런 배낭이 있으면 신기할 거야."

완성된 만화를 보자 웃음이 나왔다. 주워 온 뼈를 집어넣기만 해도 골격 표본이 만들어지는 마법의 배낭. 정말 그런 게 있다면 분명 편리할 것이다. 마법 배낭은 없지만 그 이야기를 듣고 떠오른 것이 있다. 바로 조개 무덤이다.

"조개 무덤이 바로 마법 배낭 같은 게 아닐까? 조개 무덤에는 뼈도 있고 조개껍데기도 있어서, 당시 사람들이 뭘 먹었는지 흔적이 고스란히 남아 있잖아."

그리고 또 생각난 것이 있다.

"조개 무덤이라고 하면 아주 오래된 유적이라고 생각할 테지만, 그게 결국은 쓰레기 더미 아니겠어? 지금도 쓰레기는 계속 나오잖아. 집에 모아 두지 않을 뿐이지."

오늘날에도 쓰레기는 어딘가에서 처리되고 있다. 예를 들면 밥을 먹을 때 나오는 뼈는 쓰레기로 버려지고 두 번 다시 볼 일이 없다. 골격 표본을 만드는 나도 밥을 먹을 때 나오는 뼈들은 모두 쓰레기통에 버린다.

그뿐 아니다. 생각해 보면 마트에서 파는 고기들은 대부분 뼈가 없는 상태이다. 가정의 식탁에 오르기 전에 뼈는 이미 다 발라내어 처리해 버린다.

"이제는 생활 속에서 뼈를 보기 어려워졌어."

여기까지 생각이 미치자, 머릿속에서 무언가가 번쩍 떠올랐다. 즉흥적으로 떠오른 생각이었다.

'우리 집 식탁에서 나오는 뼈를 버리지 않고 1년 동안 모두 모은다면 양이 어느 정도나 될까?'

그런 궁금증이 불쑥 떠올랐던 것이다.

"우리 집은 안 돼요. 뼈가 나오지 않거든요."

내 이야기를 듣고 스기모토가 웃으며 말했다. 그렇다. 스기모토는 집에서 거의 밥을 먹지 않는다. 세끼를 건포도빵으로 때우는 일도 있다고 했다.

"건포도빵에서는 뼈가 나오지 않아요."

스기모토의 말에 나도 어이가 없어 웃어 버렸다.

"오늘은 뭘 먹었더라? 아침엔 주먹밥 두 개를 먹었어요. 점심은 도시락을 사 먹었는데, 반찬은 두부 채소 볶음과 고등어 두 토막이었어요. 아, 고등어에서 뼈가 세 개 나왔는데 그냥 버려 버렸네."

스기모토가 그날 하루 먹은 것들을 꼽아 보았다. 역시나 뼈를 버렸다. 심기일전하여 이날부터 끼니때마다 나온 뼈를 발라서 모아 두기로 결정했다. 어찌 됐든 그것을 1년 동안 계속해 보기로.

이름하여 '식탁의 뼈 바르기' 프로젝트다.

"일상생활에서 뼈를 얼마나 접하는지 알아보려는 거잖아요. 뼈 모으기 대회가 아니니까 일부러 뼈가 나오게 식단을 짤 필요는 없어요."

나는 때때로 뼈에 집착할 때가 있는데, 그걸 잘 아는 스기모토가 따끔하게 충고해 주었다. 그렇다, 스기모토의 말이 옳다.

이렇게 뼈를 둘러싼 일상의 작은 도전이 시작되었다.

일주일 뒤, 스기모토가 다시 우리 집 식탁에 앉았다. 이날 차린 음식은 자라탕과 무태장어 튀김이다. 요리 초보자가 만든 것치고 자라탕은 아주 맛이 있었다. 무태장어 튀김 역시 나쁘지 않았다. 무태장어는 우리가 흔히 장어구이로 먹는 장어와는 종류가 다르다. 남방계 물고기로, 혼슈 중남부 이남의 하천에 서식하는 종이다. 길이가 긴 개체는 최대 2미터나 되는 것도 있지만, 내가 요리한 것은 몸길이 60

센티미터 정도인 장어였다.

몸통의 굵기는 지름이 4.5센티미터나 된다. 장어는 기름기가 많아 육질이 부드럽다고 생각하겠지만, 무태장어는 살이 꽤 단단하다. 덩치가 큰 무태장어는 살이 단단해 씹기가 힘든 것도 있다.

먹고 남은 자라 뼈는 스기모토가 가져가서 골격 표본을 만들기로 했다. 요리할 때 잘라 둔 장어 머리와 먹고 남은 장어 척추로도 골격 표본을 만들기로 했다.

그런데 '식탁의 뼈 바르기' 프로젝트에서 왜 가장 먼저 장어와 자라를 선택했는지에 관해서는 약간의 설명이 필요하다. 시작은 오래전 여름 방학으로 거슬러 올라간다. 두 가지 다 스기모토가 요나구니섬에 여행을 갔다가 거기서 잡아 온 것이다. 물론 나도 여행에 동행했다.

여행에서 돌아와 무태장어와 자라를 냉동시켜 두었다가, 이날 해동하여 산호 학교로 가지고 가서 학생들과 해부 실습을 했다. 산호 학교는 내가 주 이틀, 아이들을 가르치는 학교다. 해부 실습을 마친 뒤 그 뼈로 요리를 한 것이니 이날 식사는 상당히 특별하다고 할 수 있다.

난 평소에 집에서 평범하게 먹는다. 그러니 '식탁의 뼈 바르기' 프로젝트 결과를 집계해도 이렇다 할 특별한 점은 없었다. 예상했던 것보다 뼈가 나오지 않았다. 처음 한 달 동안 총 93끼를 먹었는데, 그중 포유류든 조류든 어류든 원래 뼈가 있는 고기를 먹은 것은 49끼이다.

게다가 요리를 할 때나 먹고 난 뒤에 뼈가 나온 것은 불과 12끼에 불과했다. 참치 통조림, 육류, 햄, 회는 손에 넣는 단계에서 이미 뼈가 대부분 제거되고 없었다. 따라서 식탁에서 찾아낸 뼈는 다양하지

무태장어

중국산 장어구이의
장어 머리뼈 35mm

몸통의 지름 45mm

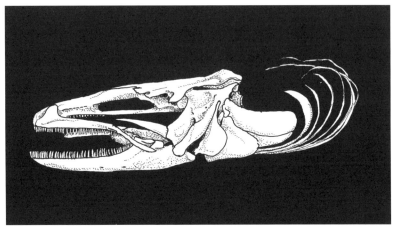

무태장어 머리뼈 65mm

못했다. 식탁의 뼈 대부분을 닭고기, 돼지고기, 생선이 차지했다.

뼈 모으기 대회가 아니라고 스기모토는 말했지만, 돼지 뼈나 닭 뼈만 모으니 역시나 재미가 없었다. 이왕 모을 거라면 종의 수가 많은 물고기 뼈를 모으는 편이 그래도 재미있을 것 같았다.

하지만 선뜻 결정을 내릴 수가 없었다. 물고기 뼈 바르기는 지금까지 여러 번 시도했지만, 그때마다 좌절했기 때문이다.

물고기에서 뼈를 발라내는 것 자체는 어렵지 않다. 익히면 뼈와 살은 쉽게 분리되니까. 하지만 익혀서 제각각 흩어져 버린 뼈를 다시 짜 맞추기가 어렵다. 물고기 뼈는 조각 수가 많아서 한번 흐트러지면 짜 맞추기가 여간 힘든 것이 아니다.

물고기 전신 골격 만들기는 나에겐 아직 벅찬 작업이었고, 하다못해 머리뼈 골격이라도 혼자서 완성해 보고 싶다는 생각을 계속 하고 있었다. 동시에 더욱 쉽게 할 수 있는 방법도 끊임없이 궁리하고 있었다. 흩어진 뼈를 짜 맞추려면 엄청난 연습이 필요했다.

여러 번 시도하면서, 익혀도 머리뼈가 흩어지지 않는 물고기도 있다는 것을 알게 되었다. 예를 들면 무태장어의 머리뼈가 그렇다.

먼저 짧은 시간 동안 머리뼈를 통째로 익혔다. 고기가 떨어질 만큼 끓이고 나서 냄비에서 건져 내 살을 발랐다. 그런 다음 틀니 세정제를 물에 희석시킨 용액에 담갔다가 꺼내자 멋진 머리뼈 표본이 완성되었다.

곰치와 가시복의 머리도 똑같은 방법으로 표본을 만들었다. 하지만 끓여도 머리뼈가 붙어 있는 물고기는 아주 드물다.

어느 날 저녁 식사에 파랑비늘돔으로 생선찜을 했다. 단, 머리는 표본을 만들고 싶어서 익히기 전에 잘라 냈다.

파랑비늘돔과 물고기는 오키나와에서 인기 있는 생선 중 하나다. 새파란 블런트헤드파랑비늘돔, 노란 바탕에 청색 반점이 군데군데 들어간 블루바드파랑비늘돔의 암컷 등이다(어떤 종은 암컷과 수컷의 색깔이 다르다).

파랑비늘돔들은 시장의 생선 가게를 알록달록하게 채워 준다. 입도 특징 있게 생겼다. 파랑비늘돔은 산호에 자라난 해초를 먹는데, 이때 산호까지 통째로 우걱우걱 씹어 먹는 습성을 가지고 있다. 이때난 상처가 아물면서 앵무새의 부리처럼 이빨이 단단해진다. 자세히 보면 이빨의 형태도 종마다 미묘하게 다르다.

파랑비늘돔 머리뼈 표본을 만들고 싶은 이유는 입이 특이하게 생겨서이다. 하지만 파랑비늘돔은 머리를 통째로 익히면 바로 흐트러진다. 어떻게 하면 좋을지 고민하다가, 물을 끓여 머리에 조금씩 부으면서 살을 떼어 내는 방법을 시도해 보기로 했다.

뜨거운 물을 껍질에 붓자 물을 부은 부분이 쪼그라들면서 색깔이 변했다. 그 부분을 핀셋으로 긁어 뼈에서 껍질을 떼어 내려고 했다. 그런데 비늘돔은 껍질이 두껍고 머리뼈에 단단히 달라붙어 있어서 좀처럼 벗겨지지 않았다. 끓는 물을 자꾸만 부었더니 머리 전체가 거의 익어 버렸다.

갑자기 아가미뼈가 흔들리면서 곧 떨어질 것 같았다. 찬물을 부었다가 다시 뜨거운 물을 붓고, 후비고 쑤셔서 껍질과 살을 가까스로 분리해 냈다. 그런 다음 역시나 틀니 세정제로 마무리했다. 이런 방법으로 뼈를 흐트러뜨리지 않고 머리뼈 표본을 완성했다. 하지만 완성도가 너무 떨어졌다. 뼈가 빠져 없어진 부분이 몇 군데 있고, 살과 껍질도 완벽하게 벗겨 내지 못했다.

"고생해서 만들었는데 고작 이렇게밖에 안 된 거야?"

솔직히 이런 생각이 들었다.

그 뒤로도 같은 방법을 사용해 식탁에 올라온 생선들로 골격 표본을 만들어 보았지만 오래가지는 못했다. 결과가 나아지지 않은 것도 이유 중 하나였다.

그 과정에서 한 가지 사실을 깨달았다. 물고기 머리뼈 표본을 몇 개나 모았지만, 그것만으로는 재미도 없고 아무런 의미도 찾을 수 없었다.

돼지 뼈나 닭 뼈뿐 아니라 물고기 뼈를 모으는 것도 무의미하다니.

'식탁의 뼈 바르기' 프로젝트의 앞날은 어두웠다.

파랑비늘돔과

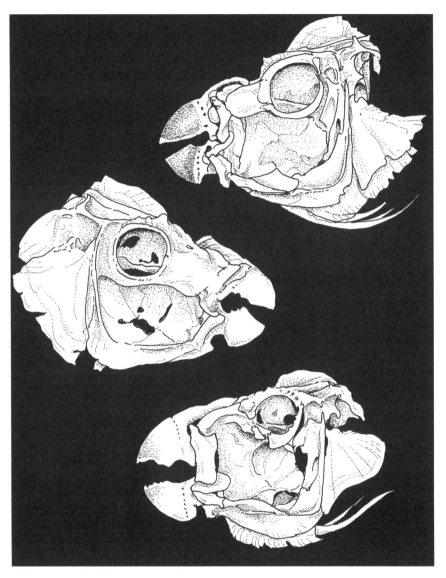

물고기 뼈 바르기 초기에 했던 것. 뼈가 빠진 것도 있고 껍질이 남은 것도 있다.
자세한 도감이 없어 종도 알 수 없다. 그래도 종마다 이빨의 형태가 다르다는 것을
알 수 있다.

수수께끼의 물고기 뼈

　석 달째 '식탁의 뼈 바르기'를 꾸준히 해 나가던 어느 날 밤, 전환기가 찾아왔다. 훗날 돌이켜 보니 이때가 전환기였던 것이다. 그 계기를 만들어 준 것은 바로 스기모토였다.

　언제나처럼 저녁 식사를 하러 온 스기모토는 선물이라며 바닷가에서 찾았다는 뼈를 들고 왔다. 스기모토를 만나는 것은 삼 주 만의 일이었다. 그동안 요나구니섬에 다녀왔다고 했다.

　"바닷가로 뼈를 주우러 갔다 왔어요. 함께 간 일행이 거기서 이걸 찾아냈어요."

　스기모토가 뼈를 꺼내어 보여 주었다. 물고기의 뇌머리뼈와 아래턱뼈, 그리고 머리뼈를 이루는 뼈 여러 개가 있었다. 하지만 위턱뼈는 분실되었는지 보이지 않았다. 뇌머리뼈는 뇌나 눈을 담는 물고기 머리뼈 중에서 가장 커다란 뼈이다. 뇌머리뼈를 중심으로 작은 뼈 여러 개가 맞물려 물고기 머리뼈가 이루어진다.

　예를 들어 위턱만 보면 앞위턱뼈와 위턱뼈가 모여서 만들어진다. 아래턱은 치아뼈, 모뼈, 뒤관절뼈가 모인 것이다. 그 밖에도 입천장뼈, 속날개뼈, 앞아가미뚜껑뼈 등등 꼽자면 끝이 없을 정도다.

물고기 머리뼈

청돔의 머리뼈를 분해한 표본
①뇌머리뼈 ②앞위턱뼈 ③위턱뼈 ④치아뼈 ⑤모뼈
위턱은 ②와 ③, 아래턱은 ④와 ⑤가 합쳐져 형성된다.

"주웠을 땐 아직 살이 붙어 있었어요. 하지만 많이 썩어서 뼈가 흩어지지 않게끔 들고 오느라 애를 먹었어요."

스기모토가 말했다. 머리뼈를 찾았을 때 머리뿐 아니라 몸통도 반쯤 붙어 있었다고 한다. 몸통은 매우 가늘고 길었다고 한다. 또 아래턱을 구성하는 치아뼈는 조금 떨어진 곳에서 찾아냈다는 것이다.

"제대로 주워 온 건지 모르겠지만요."

스기모토가 나에게 뼈를 보여 주면서 말했다.

나는 고개를 갸우뚱했다. 이런 물고기 머리뼈는 본 적이 없었다. 고개를 갸웃거리는 나를 보며 스기모토가 깜짝 놀랐다.

"어? 선생님도 모르세요? 틀림없이 만새기 머리일 거라고 생각했는데."

"만새기는 아닌 것 같아."

나는 가지고 있는 만새기의 스케치를 꺼내서 보여 주었다. 내가 직접 만새기의 머리뼈를 발라낸 적은 없다. 오키나와로 오기 전에 근무했던 사이타마현 자유숲 중고등학교에서, 물고기를 좋아하던 학생이 만새기의 머리뼈 표본을 만들어 보여 준 일이 있는데, 그것을 스케치한 것이다. 스기모토가 가지고 온 머리뼈는 반밖에 남지 않았지만, 만새기의 스케치와 비교했을 때 같다고 보기는 어려웠다.

"정말 그렇네요."

스기모토는 반신반의하는 표정을 지으면서도 만새기가 아니라는 데 동의했다.

스기모토가 가져온 수수께끼의 뼈에는 몇 가지 특징이 있다. 우선 뇌머리뼈가 좌우로 납작하고 생김새도 독특하다. 그리고 머리 뒤쪽으로 뼈가 툭 튀어나와 있다. 이 뼈는 머리 바로 뒤에 있는 척추뼈 위쪽 끝에 관절을 사이에 두고 들러붙어 있다. 등지느러미치고는 지나치게 커서 그것 하나만 길게 뻗어 있다. 아까 스기모토가 '몸통이 매우 가늘고 길다'라고 한 말에 비추어 보면 생김새가 너무나 괴상하다.

"혹시 심해어 아닐까?"

스기모토와 서로 얼굴을 마주 보며 말했다.

지금까지 한 번도 본 적 없는 이상한 물고기였다. 그렇다면 평소에 볼 수 없는 심해어가 아닐까? 우리는 떠오르는 대로 물고기 이름 몇 가지를 꼽아 보았다.

"돛란도어일까요?"

"돛란도어를 스케치한 것이 어딘가에 있을 거야."

돛란도어는 깊은 바다에서 서식하지만 때때로 바닷가로 밀려 올라오기도 한다.

자유숲 중고등학교에 근무하고 있을 때 이즈 반도의 바닷가에 놀러 갔다가 우연히 파도에 밀려온 돛란도어를 본 적이 있다. 그때 스케치해 둔 것이 있었는데 막상 찾으니 보이지 않는다.

"음, 어쨌든 돛란도어는 아닌 것 같아."

기억을 더듬어 보았다. 돛란도어는 몸이 좌우로 평평하고 가늘고 길다. 등지느러미도 크기 때문에 분명 안에 있는 뼈도 단단하고 클 것이다. 이런 점은 스기모토가 주워 온 수수께끼의 물고기에 딱 들어맞는다.

그러나 돛란도어는 가늘고 긴 몸통과 어울리지 않게 입에 커다란 이빨이 빼곡하다. 반면에 스기모토가 주워 온 물고기는 턱뼈에 작고

수수께끼의 뼈

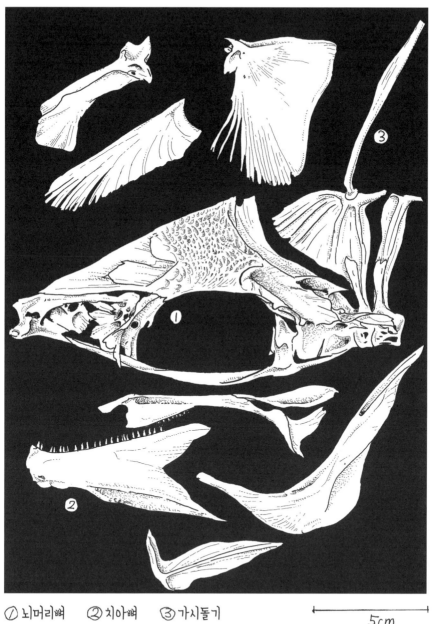

① 뇌머리뼈 ② 치아뼈 ③ 가시돌기

5cm

날카로운 이빨이 빽빽했다.

"흐음, 돛란도어의 머리뼈 골격 표본을 보면 더 확실히 알 수 있을 텐데. 아무래도 돛란도어는 아닌가 봐요."

스기모토가 생각에 잠긴 얼굴로 말했다.

"그렇다면 대왕산갈치일까요?"

돛란도어보다는 대왕산갈치가 사람들에게 더 익숙하지 않을까? 역시 평소에는 깊은 바다에서 지내다가 이따금 바닷가에 밀려와 사람들의 눈길을 끈다.

대왕산갈치는 전체 길이가 6.8미터나 되는 대형 물고기다. 인어의 모델이 되었을 거라는 설이 있는 물고기로, 역시나 이상하게 생겼다. 나도 스기모토도 한 번이라도 좋으니 우연히 발견하길 바라는 동경 어린 심해어이기도 하다.

"하지만 대왕산갈치는 이빨이 없어."

"그렇네요."

수수께끼의 물고기가 대왕산갈치가 아닐까 하는 추측은 순식간에 사라졌다. 내가 가지고 있는 유일한 어류 도감을 앞에서부터 차례차례 넘겨 보았다. 하지만 비슷한 물고기는 나와 있지 않았다.

"어쩌면 우리가 전혀 모르는 아주 희귀한 물고기일지도 모른다는 생각이 드는데."

우리는 다시 얼굴을 마주 보았다. 수수께끼의 물고기를 만나기에 경험도 너무 모자라고 장비도 부족했다. 내가 가지고 있는 도감은 어린이용 생물 도감이다. 그리고 나는 지바현 해안가에서 자라긴 했지만 지금까지 낚시를 해 본 적도 별로 없을 정도로 물고기에 대해 아는

돛란도어

바닷가에 떠밀려 온 것

것이 거의 없었다.

고베에서 태어난 스기모토는 어린 시절 농어 낚시나 열대어 키우기를 즐겼다고 하니, 나보다는 물고기를 훨씬 많이 접해 봤다. 그렇지만 물고기 뼈를 발라낸 것은 이 수수께끼의 물고기가 처음이다. 이런 두 사람이 머리를 맞대고 고민해 봤자 별 뾰족한 수가 생기진 않는다.

"어떻게 해야 정체를 알 수 있을까……."

고민했지만 당장 해결되는 문제는 아니었다.

그로부터 한참이 지나 산호 학교 학생들과 함께 바닷가로 현장 학습을 갔다. 스기모토도 함께 참여했다. 이때의 스기모토는 예전과 달라졌지만, 나는 오랫동안 그 사실을 깨닫지 못했다.

이날 현장 학습의 목적은 바닷가에 떠밀려 온 생물들을 찾는 것이었다.

"아, 어떡하지? 어떻게 해야 하나……."

스기모토가 물고기 한 마리를 줍고는 갈팡질팡하고 있었다. 손에 넣은 것은 신선한 복의 사체였다. 수수께끼의 물고기 뼈를 주운 것을 계기로 스기모토는 물고기에 특별한 관심을 갖게 되었다.

"가져가서 골격 표본을 만들어 볼까……."

그날로부터 열흘이 지나서 스기모토는 복의 골격 표본을 완성해 우리 집으로 들고 왔다.

"와, 멋진데!"

복의 골격 표본을 보자마자 난 그렇게 외쳤다. 지금까지 내가 갖은 고초를 겪으며 만들었던 물고기 골격 표본과는 차원이 달랐다.

"스기모토 방식으로 만들었어요."

감탄하느라 정신이 없는 나를 보며 스기모토가 말했다.

"스기모토 방식이 뭔데?"

물어보니, 스기모토가 대략적인 설명을 해 주었다.

"먼저 물고기 껍질을 벗겨요. 벗겨지지 않는 부분은 그대로 남겨 두고요. 다음으로 살을 대충 뜯어 내요. 그리고 파이프 세정제를 물에 희석해서 담가 두는 거예요."

스기모토 방식의 중요한 점은 파이프 세정제를 사용한다는 점이다. 내가 뼈를 바를 때 주로 사용하는 틀니 세정제는 단백질 분해 효소가 작용해 뼈에 붙은 살을 녹여 낸다. 그러나 단백질 분해 효소는 분해력이 다소 약하다. 느긋하게 시간을 들여 만들기에 적합하다.

반면 스기모토가 사용한 파이프 세정제는 수산화나트륨 수용액이 주성분을 이룬다. 수산화나트륨은 매우 강력해서, 원액을 두 배로 희석해도 뼈에 붙은 껍질이나 살을 순식간에 녹여 낸다. 따라서 무심코 오래 놔두면 뼈까지 상할 우려가 있다.

시간을 잘 맞춰 용액에 담그면, 뼈에 남아 있던 살이 반투명해진다. 이것을 깨끗이 뜯어 낸 다음, 다시 잠깐 담갔다가 남아 있는 수산

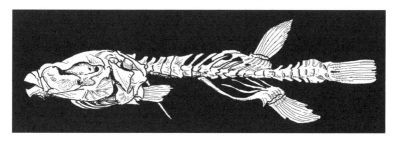

별복의 뼈 205mm

화나트륨을 흐르는 물에 씻어 내는 방식이다.

원래 스기모토가 손재주가 있다는 걸 알고는 있었지만, 이렇게까지 짧은 시간에 물고기 뼈 바르기를 터득했을 줄이야! 난 혀를 내둘렀다.

"복을 성공해서 이번엔 시장에서 갈치 한 마리를 통째로 사 왔어요. 저도 이제 큰일 났어요."

스기모토는 웃으며 그렇게 말했다. 불과 며칠 전까지 집에서는 건포도빵이나 초콜릿만 먹더니, 어느새 식탁에서 골격 표본을 척척 만들어 낼 줄이야.

"주방 칼과 커터칼로 갈치 살을 회 떠 먹으면서 뼈를 발랐어요. 뼈를 바르면서 회도 먹을 수 있어서 좋던걸요."

그래도 커터칼로 끼니를 해결하는 건 별로인 것 같은데. 아무튼 '물고기 뼈 바르기 달인'으로 빠르게 변해 가는 스기모토를 보고 있자니 불현듯 초조해졌다. '뼈 바르기의 원조'인 내가 설 자리가 없어질 것 같았다.

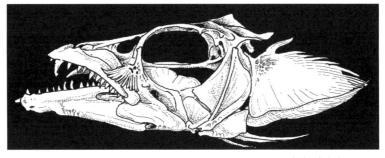

갈치 머리뼈 190mm

물고기를 구하러 시장을 돌아보기로 했다. 이왕이면 아직 가 보지 않은 곳으로 가고 싶었다. 그러면 스기모토의 갈치에 대적할 수 있는 물고기를 찾을 수 있을지도 모른다.

마침 우리 집에서 차로 한 시간 못 미치는 곳에 있는 아와세 어업 협동조합의 직매장에 들를 기회가 생겼다.

직매장에 발을 들여놓자마자 기분이 좋아졌다. 거기에 만새기가 있었기 때문이다. 만새기가 얼음 위에 통째로 몇 마리나 누워 있었다. 등은 짙은 푸른색에 배는 노란색이고, 몸통은 평평하고 가느다랗다. 머리 위쪽으로는 이마가 두드러지게 튀어나와 있다.

만새기는 큰 것은 전체 길이가 2미터를 넘기도 한다. 집 근처 동네 시장에서는 만새기를 비롯한 생선들을 한 마리 통째로 팔지를 않는다.

"만새기 머리뼈를 발라 보고 싶은데."

수수께끼의 물고기가 머릿속을 떠나지 않았다. 만새기는 아니라고 강하게 부정했지만, 그래도 직접 확인해야 개운할 것 같았다. 진열된 만새기 중에 가장 몸집이 작은 것을 골라 사기로 했다. 크기에 비해 가격이 제법 저렴했다.

"만새기 먹어 본 적 있어요?"

무게를 재더니 가게 아주머니가 물었다.

"왜 그러시는데요?"

"배탈이 나는 사람도 있어요. 토하기도 하고."

겁이 나긴 했지만 여기까지 왔는데 빈손으로 돌아갈 수는 없었다. 문제는 집에 돌아오고 나서였다. 너무 길어 도마 위에 올릴 수가 없었다. 베란다에서 만새기와 한바탕 난투극을 벌이고 난 뒤 우선 뼈를 바르기 위해 머리를 잘라 냈다. 그다음에 힘겹게 살을 떴다. 껍질이 엄청나게 질기고 살은 수분을 듬뿍 머금고 있어서 힘을 살짝 주니 바로 부스러졌다.

뜯어 낸 살은 프라이팬에 굽고, 아가미 아래쪽 살은 떼어 내 양념을 해서 구웠다. 뼈에서 긁어 낸 살은 볶아서 생강과 간장으로 양념을 했다.

아무 일도 없었다. 속이 메슥거리지도 않고 모두 맛있게 먹어 치울 수 있었다. 양이 많아 며칠 동안 온통 만새기 반찬뿐이었지만.

이제부터는 중요한 머리뼈 표본 만들기에 대해 이야기하겠다. 날 것인 만새기의 머리뼈는 비늘돔보다 껍질이 뼈에 더 단단히 들러붙어 있어서 좀처럼 벗겨지지 않았다. 아가미 주변에 점액이 많아서 아가미는 과감히 제거하기로 했다. 스기모토 방식이 떠올랐지만, 아직 순순히 그것을 받아들이고 싶지는 않았다. 그냥 지금까지 해 온 것처럼 물을 끓여 살을 긁어 냈다.

'파이프 세정제를 사용하면 어떨까?'

한 차례 살을 긁어 낸 후에 그런 생각이 들었다. 만새기는 너무 큰데다 질긴 껍질은 아무리 떼어 내도 다 벗겨지지 않았다. 살도 다 긁어 낼 수 없었다. 파이프 세정제를 시험해 보고 싶다는 생각이 간절해졌다.

결국 파이프 세정제를 물에 희석해서 만새기를 담가 두기로 했다. 그런데 어느 정도 희석해야 할지 몰라서 물을 너무 많이 넣어 버렸다. 그 바람에 뼈에 붙은 살이 반투명해질 때까지 꼬박 이틀이 걸렸다. 그래도 완성품은 제법 그럴듯했다.

만새기

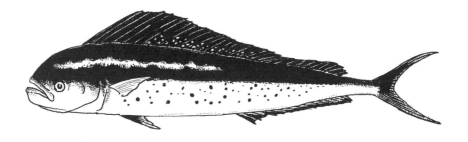

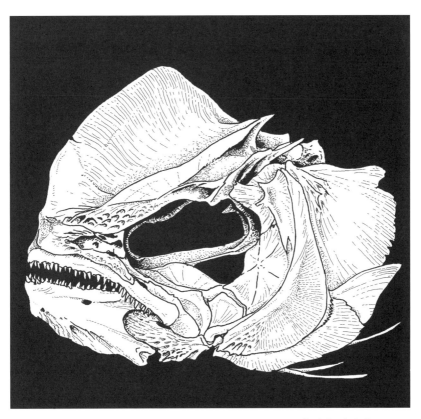

만새기 머리뼈 130mm

애석하게도 물고기 골격 표본 만들기에는 스기모토 방식이 더 효과적이라는 것을 인정하지 않을 수 없었다.

스기모토와 마음이 통했던 것일까. 만새기 머리뼈 표본을 완성할 즈음 스기모토에게서 전화가 걸려 왔다.

"요나구니섬에서 주운 수수께끼의 물고기 뼈에 대해 곰곰이 생각해 봤는데, 아무래도 만새기인 것 같아요."

스기모토가 말했다.

"만새기는 아니야."

"네?"

"내가 만새기 머리뼈 골격 표본을 만들었어. 전혀 다르게 생겼어."

"어, 정말이에요? 빨리 보고 싶어요."

스기모토는 당장 달려왔다.

"만새기 머리는 어디 있어요?"

오자마자 그것부터 묻는 스기모토에게 막 완성한 머리뼈 표본을 건넸다.

"음, 전혀 다르네요. 뼈 하나하나도 다 다르게 생겼어요."

스기모토도 골격 표본을 보더니 동의했다.

만새기가 아니라는 것은 분명해졌다. 그렇다면 이 뼈는 어떤 물고기의 뼈일까? 전혀 알 수가 없었다. 수수께끼 물고기의 정체 찾기는 난관에 부딪혔다. 그렇다면 우리보다 물고기를 잘 아는 사람에게 물어볼 수밖에 없다.

난 사토를 찾아가기로 했다. 오래전에 지인의 소개로 알게 된 사토는 생물을 좋아하는 꽤 괜찮은 청년이다. 첫인상은 그랬다. 대화를 나누면서 사토 역시 물고기 골격 표본을 만든다는 사실을 알게 되었다. 그럭저럭 머리뼈를 분리했다가 다시 짜 맞출 수 있다는 걸로 봐서 사토의 솜씨는 범상치 않아 보였다.

사토에게 연락을 해서 스기모토와 함께 집으로 찾아갔다.

현관에 한 걸음 들어서자마자 눈이 휘둥그레졌다. 좁은 아파트의 방마다 뼈든 무엇이든 표본으로 가득 차 있어서 그야말로 발을 디딜 틈이 없을 정도였다.

"거기 벽에 걸려 있는 것은 오키나와 앞바다에 서식하는 상어와 가오리의 턱이에요. 거의 모든 종이 다 있어요. 이쪽에 가오리 꼬리를 말려 뒀는데, 이것도 여러 종이에요. 이걸 다 어떻게 모았냐고요? 학생 때는 매일 새벽 세 시에 일어나서 도매 시장에 가거나 항구를 돌아다녔어요. 그물에 걸린 물고기를 걷어 내는 일을 돕는 대신에 필요 없는 물고기를 얻어 왔죠. 아, 베란다에 고래 갈비뼈가 있는데, 보실래요? 떠내려온 고래에서 전기톱을 사용해서 떼어 냈어요. 주방 칼로는 안 돼서……."

사토는 끊임없이 떠들어 댔다. 나는 입이 쩍 벌어져서 다물어지지 않았다. 생물을 좋아하는 청년이라는 인상을 넘어, '괴물'이라는 말이 머릿속에 떠올랐다. 잠시 후 마음이 조금 진정되자 가지고 온 뼈를 사토에게 보여 주었다.

"흐음, 이 뼈는 독특하게 생겼네요. 도대체 뭘까요? 굉장히 흥미로운데요."

사토도 뼈를 보고 잠시 고민했다. 골똘히 생각에 잠겨 있던 사토가 책장에서 집안 대대로 전해 내려오는 비장의 무기를 꺼내 왔다. 《어류 대도감》이다. 그림과 해설로 구성된 두 권짜리 도감으로, 가격이 엄청나게 비쌌다. 현재 가장 자세한 어류 도감이다. 사토는 그 도감을 맨 앞에서부터 한 장 한 장 넘기더니, "이거다!"라고 외치며 어느 한 페이지를 가리켰다.

예상 밖으로 갈치를 소개하는 부분이었다. 사토가 가리킨 물고기의 이름은 긴지느러미갈치였다. 가늘고 긴 몸뚱이에 머리 뒤로 기다란 가시 모양의 돌기가 한 줄 쭉 뻗어 있었다. 수수께끼의 물고기 뼈와 똑같이 생겼다.

스기모토가 사토의 손에 들린 두툼한 어류 도감을 들여다보았다.

"여기 보면 '심해의 중간층을 헤엄치며 살아간다.'라고 적혀 있는데요."

긴지느러미갈치에 대한 설명을 스기모토가 소리 내어 읽었다. 역

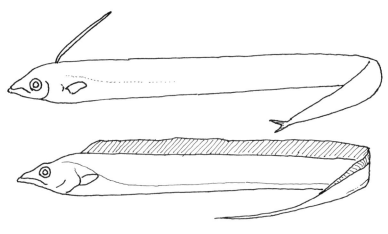

긴지느러미갈치(위)와 갈치(아래)

시 심해어였던 것이다.

"정말 희귀한 물고기네요. 웬만한 물고기라면 즉시 대답할 수 있었을 텐데. 이건 이상한 물고기라고 자신 있게 말해도 되겠어요."

사토는 그렇게 말했다.

'긴지느러미갈치라……'

스기모토가 그 뼈를 주워 오지 않았다면 아마도 평생 들어 볼 일 없을 이름의 물고기였다. 긴지느러미갈치는 이렇게 우리에게 특별한 물고기가 되었다.

"세상에는 이런 물고기도 있구나."

수수께끼의 물고기의 이름을 알고 난 후에도 놀라움은 가시지 않았다. 물고기에 대해 잘 모르던 내가 물고기에 조금은 가까워진 기분이 들었다. 그리고 마치 누군가가 내 등을 떠민 것처럼, 물고기에 더 가까워지는 사건들이 꼬리에 꼬리를 물듯이 이어졌다. 한층 더 굉장한 물고기 괴물을 만나게 된 것이다.

물고기 귓속돌

나고야에서 오에 씨가 찾아왔다. 오에 씨는 일본에서 몇 안 되는 물고기 귓속돌 전문가로, 전작인 《뼈의 학교2. 배낭 속의 오키나와》에도 등장한다.

귓속돌이라는 것은 평형을 맞추는 역할을 하는 돌인데, 물고기 뇌 머리뼈 안에 좌우로 두 개가 있다. 사람의 속귀에도 같은 작용을 하는 '평형모래'라고 불리는 것이 있는데, 물고기 귓속돌은 사람의 평형모래와 비교하면 훨씬 더 크다. 크다고는 해도 1센티미터 안팎의 크기이지만.

오에 씨는 오랫동안 교직에 몸담고 있으면서 귓속돌을 연구했다. 현재는 퇴직을 한 후 대학원에서 연구를 하고 있다. 오에 씨와 직접 만나는 것은 이번이 처음이었다. 낯가림이 심한 나는 조금 긴장했다. 그런데 오에 씨는 매우 소탈한 성격이었다. 우린 약속 장소에서 만나 물고기를 보러 고쿠사이도리(국제거리)에 있는 시장으로 갔다. 걸어가면서 오에 씨에게 연구를 시작한 계기를 물어보았다.

"처음부터 물고기를 연구한 것은 아니에요. 난 대학에서 지질학을 전공했고 그중에서도 암석을 연구했어요. 졸업 후에 선생님이 되어 학생들과 야외 수업을 나갔을 때 물고기 화석을 종종 발견했는데, 이것이 수렁에 빠진 계기예요. 하하하!"

오에 씨는 호탕하게 웃었다.

"화석을 주우면 어떤 물고기의 뼈인지 너무 궁금했거든요. 대학교에 있는 전문가에게 가져가도 다른 사람들에게 물어보라고 자꾸 미루기만 하고. 마지막에는 도와줄 테니까 직접 찾아보라는 말을 하더군요. 그리고 원서를 손에 쥐여 주었어요."

처음에는 책을 읽어도 무슨 말인지 전혀 몰랐다고 한다. 원서 두 권을 다 읽는 데만 3년이 걸렸다. 그런데 이렇게 읽는 동안에 조금씩 연구의 기본을 이해하게 되었다고 한다.

"물고기 귓속돌은 흥미로워요."

예전에 대학 다닐 때 수업 시간에 흘려들었던 이 말이 갑자기 생각났다고 한다. 이때부터 오에 씨의 귓속돌 인생이 시작되었다. 꾸준히 모은 귓속돌은 1,200종을 훌쩍 넘고, 지금도 여전히 자료를 수집 중이다. 수집한 귓속돌들을 모두 정리하여 일본산 어류의 귓속돌 도감을 만드는 것이 오에 씨의 목표였다.

이번 오키나와 방문은 오키나와에서만 사는 물고기를 찾기 위해서였다. 이렇게 자료를 모으기까지 고생한 이야기도 당연히 끊이지 않았다.

"지금까지 가장 비쌌던 물고기는 5만 엔이었어요."

물고기를 직접 잡기도 하지만 파는 것을 사기도 한다. 그러려면 물론 돈이 든다. 재방어는 한 마리에 5만 엔이나 주고 구입했다고 한다. 10년에 한 마리 잡힐까 말까 하는 드문 물고기다.

나가사키현에서 어업에 종사하는 사람에게 오래전에 연락을 해 두었는데, 어느 날 재방어가 잡혔다고 연락이 왔다고 한다. 재방어는 크기가 자그마치 2미터에 달한다.

"머리만 사려고요."

오에 씨의 말에 수화기 맞은편에서 기막히다는 반응을 보였다고 한다.

"세상에 물고기 머리만 사는 사람이 어디 있어요?"

결국 한 마리를 통째로 사서 고기는 동료들에게 나눠 주었다.

"맛있었어요. 하지만 우리 집사람은 그 뒤로 한 달 동안 나랑 말을 안 했어요."

그럴 만도 하다.

"정년퇴직을 할 때는 정말 기뻤어요. 앞으로는 좋아하는 일에 전념할 수 있으니까요. 그러고 나서 한 달 동안 말레이시아를 돌아다니다가 왔어요."

말레이시아에서는 강이나 시장을 돌아다니며 매일 물고기를 구해서 뼈를 바르며 지냈다고 한다. 여행지에서 어떻게 물고기 골격 표본을 만들었을까? 나는 이야기를 듣다가 그 부분이 궁금했다.

먼저 숙소에 구비된 주전자에 물부터 끓였다고 한다. 팔팔 끓인 물을 물고기에 붓고 반쯤 익었을 때 살을 떼어 낸다. 그 뒤의 처리법이 아주 기발했다.

"그 상태로 며칠 동안 밖에 놔둬요. 그러면 바로 파리 떼가 몰려와서 구더기가 끼지요. 이삼일 지나 물을 붓고 깨끗이 씻어서 말리면 완성됩니다."

물고기 뼈를 바르는 방법은 다양하므로 어떤 방법으로 하든 그건 중요하지 않다는 생각이 들었다. 말레이시아에서 돌아올 때는 이렇게 발라낸 뼈를 트렁크에 한가득 넣고 왔다고 말하며 오에 씨는 또 호탕하게 웃었다.

끊이지 않는 이야기에 귀를 기울이다 보니 어느새 시장에 도착했다. 오에 씨는 때로는 물고기 입을 잡고 속을 들여다보면서, 진열된 물고기를 하나하나 꼼꼼히 관찰했다.

"이건 처음 보는 물고기인데."

오에 씨는 어떤 물고기 앞에서 멈춰 섰다. 그리고 잠시 망설이다가 주문했다.

"어떻게 해 드릴까요?"

"뼈를 살펴볼 거예요."

"뼈요?"

기묘한 대화가 오갔다. 설마 생선 가게 아주머니도 생선을 어떻게 요리할지 물었는데 뼈를 살펴볼 거라는 대답이 돌아오리라고는 예상 못 했을 것이다. 나중에 조사해 보니 그 물고기의 이름은 하스돔이었다.

오에 씨는 시장을 돌아다니며 가시복의 일종인 리트로가시복과 쥐복 두 가지를 더 구입했다. 만새기와 비교하면 둘 다 제법 비쌌다.

이번엔 물고기를 들고 곧장 우리 집으로 갔다. 나고야로 돌아갈 때까지 구입한 물고기를 그대로 둘 수 없었기 때문이다. 오에 씨는 물고기를 책상 위에 놓고 솜씨 좋게 크기를 재면서 스케치를 했다. 귓속돌을 찾는 것도 중요하지만 전체 길이, 표준 몸길이(입 끝에서 꼬리가

하스돔

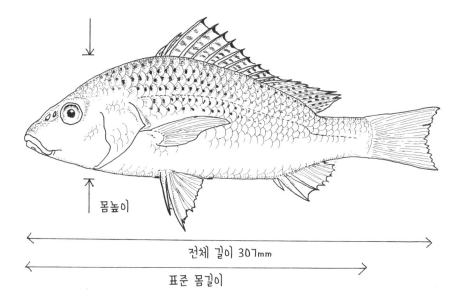

몸높이

전체 길이 307mm

표준 몸길이

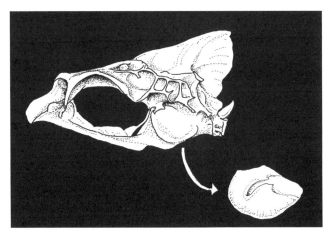

뇌머리뼈(70mm)와 그 안에 든 귓속돌(16mm)

붙은 관절까지의 길이), 몸높이(최대 높이), 머리 길이 등 기본적인 수치도 중요하다. 빠른 손놀림으로 펜을 움직여 스케치도 멋지게 했다.

크기를 다 재고 스케치를 마친 뒤 나는 물고기를 요리했다. 하스돔으로는 찜을 만들고, 가시복은 반쯤 익힌 다음 살을 뜯어내고 내장도 함께 넣어 국을 끓였다.

"살만 대충 뜯어내고 뼈는 민박집에서 말리면 돼요. 나는 냄새를 신경 쓰지 않으니까."

오에 씨가 말했다.

나는 의문이 들었다.

'그렇게 해도 괜찮을까? 오에 씨는 상관없을지 몰라도 민박집에서 싫어할 텐데……'

오에 씨가 이번에 오키나와를 방문한 것은 앞에서 말한 이유 말고도 한 가지 이유가 더 있었다. 바로 물고기 화석을 채집하기 위해서다.

우리는 시장에서 산 물고기를 처리하고 나서 다음 장소로 서둘러 이동했다. 오키나와에서 화석 연구를 하고 있는 오시로 씨를 만나기로 했기 때문이다.

"세줄가는돔 튀김을 시킵시다."

오시로 씨는 우리가 가게에 도착하자마자 그렇게 말했다. 세줄가는돔 튀김은 오키나와 술집의 대표 메뉴다. 단, 오시로 씨가 세줄가는돔을 시키자고 한 것은 모처럼 귓속돌 전문가가 오셨으니 귓속돌을 찾아보자는 의미였다. 즉, 남자 셋이서 모여 앉아 생선 튀김 속에서 귓속돌을 찾자는 제안인 것이다.

"이크, 먹어 버린 것 같은데."

쾌활한 오시로 씨는 먼저 말을 꺼냈으면서도 귓속돌 찾기는 아예 포기했다.

"한 개 찾았어요."

최근 노안이 부쩍 심해진 나는 둘 중 한 개밖에 찾지 못했다.

하지만 역시 오에 씨는 귓속돌 전문가였다. 마지막까지 손가락으로 머릿속을 꼼꼼하게 헤집어 보더니, 귓속돌 두 개를 찾아냈다.

"귓속돌에는 어마어마한 정보가 들어 있어요."

오에 씨는 튀김에서 척추뼈를 남기더니 봉지를 꺼내 소중하게 집어넣었다. 척추뼈를 보면 물고기 전체 길이를 알 수 있다. 나는 이미 뼈를 씹어 먹어 버린 후였다.

세줄가는돔은 오키나와현을 대표하는 물고기다. 훗날 나고야로 돌아간 오에 씨가 이런 편지를 보내 왔다.

'우리가 먹은 것은 갈래세줄가는돔이에요.'

세줄가는돔이라고 하는 물고기는 여러 종을 두루 일컫는 명칭이다.

오에 씨의 편지를 읽고 나서 시장으로 가 보니, 과연 지금껏 왜 깨닫지 못했는지 이상할 정도였다. 생선 가게에 놓인 세줄가는돔은 저마다 꼬리의 무늬가 달랐다. 이날 본 것은 세줄가는돔과 갈래세줄가는돔이었다.

물고기를 볼 때는 빠뜨리는 것 없이 꼼꼼하게 살펴봐야 한다. 나는 튀김에서 귓속돌을 찾으면서 새삼스레 그런 것을 배웠다.

오에 씨가 오키나와에서 찾고 싶었던 물고기 화석이란 어떤 것일

세줄가는돔

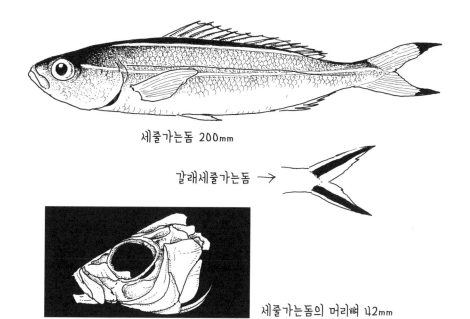

세줄가는돔 200mm

갈래세줄가는돔 →

세줄가는돔의 머리뼈 42mm

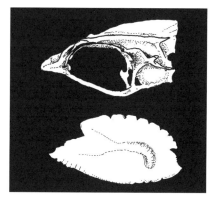

세줄가는돔
뇌머리뼈(40mm) 귓속돌(7.5mm)

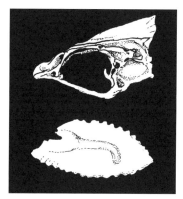

갈래세줄가는돔
뇌머리뼈(37mm) 귓속돌(6.5mm)

까? 이제 그것에 대해 설명하겠다.

물고기 화석이라고 하면 딱딱한 돌 표면에 물고기 뼈가 딱 들러붙은 모습이 가장 먼저 떠오를 것이다. 나 역시 그런 모습을 상상해 왔다. 오키나와에 살면서 알게 된 것인데, 오키나와 지역은 토질의 특성상 화석이 쉽게 생긴다.

예를 들면 오키나와섬 남부에는 석회암 지대가 넓게 펼쳐져 있다. 이 석회암은 약 50만 년 전에 있던 산호초의 화석이다. 즉, 오키나와섬 남부에 사는 사람들은 화석층 위에서 살고 있는 셈이다.

석회암층 아래에는 더욱 오래전에 해저에서 퇴적된 지층이 펼쳐져 있다. 약 1,000만 년에서 150만 년 전에 퇴적된 도고층이라고 불리는 지층이다.

석회암층에는 산호뿐 아니라 조개도 포함되어 있다. 하지만 단단하게 다져져 있어서 화석을 채집하기는 어렵다. 반면 그 아래에 있는 도고층의 이암과 사암은 다져지지 않아 비를 맞으면 줄줄 흘러내릴 정도이다. 이러한 지층에서는 화석을 채집하기가 어렵지 않다. 오에 씨는 이 도고층에서 화석을 찾고 싶어 했다. 그렇다면 이렇게 부드러운 지층 속에 있는 물고기 화석은 어떤 것일까?

바로 물고기 몸 안에서 가장 딱딱한 귓속돌 화석이다. 오랜 세월을 거치면서 물고기 뼈가 흔적도 없이 녹아내려도, 귓속돌만은 지층 속에 온전히 보존되어 있다. 반대로 말하면, 이렇게 남아 있는 귓속돌을 통해 주인이 누구인지 알아내는 오에 씨는 아주 귀중한 존재인 것이다.

오에 씨와 알고 지낸 이후로 나도 물고기 귓속돌 화석을 채집하기 시작했다. 물론 나는 귓속돌을 보아도 어떤 물고기의 것인지 모른다. 그러므로 모조리 오에 씨에게 보내기 바쁘다.

나는 귓속돌 화석을 채집하러 오키나와섬 중부 바닷가에 떠 있는 미야기섬과 오키나와섬 남부에 위치하는 지넨 마을로 자주 간다. 두 곳 모두 인위적으로 절벽이 만들어진 곳으로, 화석을 채집하기 좋은 장소다.

도고층의 사암과 이암은 매우 무르다. 그러므로 절벽 아래에는 비에 씻겨 흘러 내려온 모래나 진흙이 쌓여 있다. 그런 땅에서 바닥을 잘 살펴보면 귓속돌 화석이 툭툭 떨어져 있다. 땅에 떨어져 있는 화석을 채집하는 것이니 망치나 끌도 전혀 필요 없다. 오로지 오키나와의 직사광선에 굴하지 않고 납작 엎드려 기어 다니며 작은 귓속돌을 계속 찾아보는 끈기만이 필요하다.

주워 모은 귓속돌을 오에 씨에게 보여 주었고, 재미있는 사실을 알아냈다. 귓속돌 화석은 아무리 커도 1센티미터를 넘지 않는다. 생김새는 다양하지만 실체 현미경을 사용해야만 미묘한 차이를 알 수 있다. 상어 이빨을 모으는 것과 비교하면, 화석을 채집한다고 하기에는 크기나 생김새가 초라하기 짝이 없다.

그러나 귓속돌 화석은 일단 나오기 시작하면 한곳에서 수십, 수백 개를 찾아낼 수 있다. 이렇게 화석을 많이 찾을 수 있다는 사실이 중요하다. 미야기섬을 예로 들어 보자. 미야기섬의 절벽에서 귓속돌 화석 124개를 채집해 오에 씨에게 보냈다. 그 결과 다음과 같은 종류의 물고기들이라는 것을 알 수 있었다.

붕장어과	흰붕장어
	눈테붕장어
샛비늘칫과	물통샛비늘치
	갈마니샛비늘치
	노란코샛비늘치
	구로시오샛비늘치
	그 외 알 수 없는 종 등
민어과	수염민태
	줄비늘치
	규슈민태
	미사키민태
	만쥬민태
	그 외 알 수 없는 종 등
납작금눈돔과	납작금눈돔
농어과	흙무글치의 일종
	반딧불게르치
동갈민어과	대루이석태
홍갈칫과	흰줄홍갈치
도미과	참돔
청칫과	그물메기
	그 외 알 수 없는 종 등

귓속돌을 보내며 이름을 알려 달라고 했는데, 이렇게 훌륭한 목록

을 보내 주다니 역시 놀라웠다. 그렇게 작은 뼈의 조각만 보고 이름을 알 수 있다니.

그리고 오에 씨는 편지에 다음과 같이 써 두었다.

'물고기들 대부분이 대륙붕 혹은 그보다 깊은 환경(200미터 이하)에 서식하는 종들입니다. 대부분 현생종과 동일해요.'

다수의 귓속돌 화석은 예전에 그 땅에 어떤 물고기들이 서식하고 있었는지를 말해 준다. 나아가 당시에 그곳이 어떤 환경이었는지도 가르쳐 준다.

바다는 크게 연안과 원양으로 나뉜다.

연안은 깊이 200미터 깊이의 대륙붕 위에 펼쳐진 바다이다. 그리고 원양은 대륙붕보다 깊은 해저 위에 펼쳐진 바다이다. 바다의 깊이에 따라 200미터 이하를 표층, 그 아래를 심해라고 부른다. 그리고 심해는 200미터부터 1,000미터까지를 중층, 1,000미터에서 6,000미터까지를 심층, 더 깊이 내려가면 초심층으로 구분할 수 있다.

미야기섬에서는 갈마니샛비늘치, 줄비늘치, 그물메기라는 물고기의 귓속돌이 발견되었다. 나는 그때까지 이 이름들을 들어 보지 못했다. 어떻게 생겼는지도 전혀 상상이 가지 않았다. 이 낯선 물고기들은 모두 심해의 주민들이었다.

오에 씨와 귓속돌 화석을 찾으며 걷고 있을 때였다.

"이것은 어떤 물고기인가요?"

"심해에 서식하는 입큰붕장어의 귓속돌이에요."

절벽 아래를 기어 다니며 주운 1센티미터도 안 되는 귓속돌을 오에 씨에게 보여 주자, 그 자리에서 이름을 알려 준다. 역시나 감탄하지

귓속돌 화석

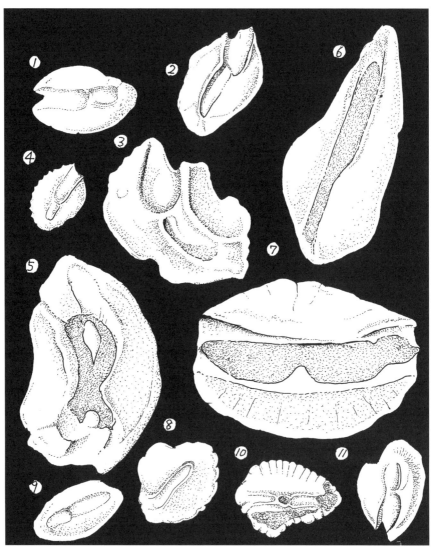

①노란코샛비늘치 ②반딧불게르치 ③납작금눈돔
④갈마니샛비늘치 ⑤흰줄홍갈치 ⑥줄비늘치 ⑦만쥬민태
⑧꾀붕장어 ⑨그물메기 ⑩규슈민태 ⑪물통샛비늘치

×5

않을 수 없었다.

"이건 무슨 물고기예요?"

"이건 동갈민어의 일종이에요. 동갈민어의 부레로 아교풀을 만들어요. 옛날에는 아교풀이 중요한 접착제였어요."

귓속돌을 주우면서 물고기에 얽힌 소소한 지식도 배울 수 있었다.

오에 씨는 끈기가 엄청났다. 나도 동물 사체를 줍는 데는 누구에게도 지지 않는 편이지만, 온종일 진흙 위에 납작 엎드려 작은 귓속돌을 찾아다니는 건 여간 괴로운 일이 아니다. 그런데 나는 진작에 나가떨어졌는데도 오에 씨는 조금도 흐트러짐 없이 귓속돌을 계속 찾고 있었다. 날이 저물 즈음 오에 씨는 마침내 귓속돌 찾기를 마무리했다.

돌아가는 길에 저녁을 먹고 가려고 아와세 어업 협동조합 직매장 안에 있는 식당에 들렀다. 우린 둘 다 생선국 정식을 주문했다.

"맛있네요."

오에 씨가 한 입 먹고 말하더니, 주변 사람들의 시선도 아랑곳하지 않고 국그릇에서 머리뼈를 꺼내 만지작거리기 시작했다. 물고기 머리뼈가 세로로 쪼개져 들어 있었다. 아쉽게도 귓속돌은 빠져나가고 없었다. 그런데 국을 다 먹기 직전에 오에 씨가 그릇 바닥에 깔려 있던 귓속돌을 찾아내고야 말았다.

"집념이 대단하시네요! 밥도 맛있게 먹고 귓속돌까지 찾았어요."

어떤 상황에서도 물고기가 있으면 집중력이 흐트러지지 않는다. 역시 물고기 연구자였다. 절벽 밑에서 귓속돌 화석을 찾는 것도, 밥을 먹으며 국그릇에서 귓속돌을 찾아내는 것도 오에 씨에게는 똑같이 중요한 일이다.

'직매장에서 먹은 생선국 정식의 생선은 네줄통돔이었어요.'

나고야로 돌아간 오에 씨의 편지에는 이런 내용도 적혀 있었다.

자연은 언제나 그 자리에 있다. 그러나 우리는 그것을 깨닫지 못한다. 자연이 어떻게 보이는가는 결국 보는 사람에 따라서 달라진다.

'식탁의 뼈'에서 무엇을 볼 것인가.

그것은 나에게 달렸다.

그리고 드디어 실마리가 보이기 시작했다.

원양의 물고기

아주 사소한 만남이라도 그 만남이 거듭되면 의미 있게 다가온다. 그러면서 때로는 예상치 못한 세계가 눈앞에 펼쳐진다.

오에 씨가 오키나와에 왔을 때 난 조금은 자랑스럽게 긴지느러미갈치 이야기를 꺼냈다.

"얼마 전에 친구가 수수께끼의 물고기 머리뼈를 주워 왔어요. 이것저것 찾아보다가 결국 긴지느러미갈치라는 것을 알아냈어요."

"아, 긴지느러미갈치."

오에 씨는 그 이름을 듣고도 전혀 놀라지 않았다. 오에 씨의 귓속 돌 찾기는 폭이 무척 넓다. 바다 밑바닥 그물망 낚시를 하는 어부에게 평소 버리는 물고기를 모아 달라고 부탁을 해 둔다. 그중에는 다양한 심해어의 모습도 볼 수 있다. 거기에 긴지느러미갈치가 섞여 있는 일도 있다고 했다.

"긴갈치꼬치도 그렇게 잡아요."

오에 씨가 이어서 말했다. 그 이름을 듣는 순간 숨이 턱 막혔다.

머릿속을 스치는 물고기가 하나 있었다. 마침 긴지느러미갈치의 정체를 찾느라 고개를 갸웃거리고 있을 때였다. 오키나와섬에서 동쪽으로 400킬로미터 떨어진 해상에 미나미다이토섬과 기타다이토섬이라는 작은 섬이 두 개 있다. 지금부터 대략 4,000만 년 전에 해저 화산이 해수면까지 솟아올라 섬의 기반을 형성했다. 그리고 섬 주변에는 산호초가 만들어졌다.

이와 함께 섬은 서서히 가라앉았고, 가라앉는 속도와 비슷하게 산호초는 위로 올라왔다. 그 결과 화산 위로 두께 수백 미터가 넘는 석회암이 높이 치솟게 되었다. 그 후 섬이 융기해 해상에 절벽이 드러나는 독특한 경관의 섬이 만들어졌다. 섬의 중심부는 예전에 산호초에 둘러싸인 초호(산호초 때문에 섬 둘레에 바닷물이 얕게 괸 곳)가 있던 곳으로, 주위보다도 한 단 낮은 분지 상태가 되었다. 오키나와섬에는 연못이 드물지만 그 분지에는 연못이 많다.

바다 위에 우뚝 솟아 있는 다이토 제도는 나무가 우거진 무인도였으나, 지금부터 100여 년 전인 1900년에 섬을 개척하기 시작했다. 오키나와현에 속하면서도 하치조섬 주민들이 이주해 개간했다는 독특한 역사가 있다. 섬은 사탕수수를 재배하면서 발전해 왔다. 날씨 예보에서 태풍이 일본에 접근했을 때 가장 먼저 듣게 되는 지명이라고 하면 이해가 쉬울 것이다.

오키나와현의 중심지인 나하시에서 한 시간 정도 비행기를 타고 미나미다이토섬에 도착했다. 미나미다이토섬과 기타다이토섬의 거리는 불과 8킬로미터이다.

30분을 기다린 끝에 단 5분을 날아 기타다이토섬에 도착했다. 기타다이토섬에 물고기를 찾으러 간 것은 아니었다. 그런데 1박 2일의 짧은 일정을 마치고 돌아오는 길에 눈길을 끄는 물고기를 보게 되었다.

공항 매점에서 팔고 있는 냉동된 물고기 팩이었다. 팩 안에는 생선 대가리 세 개와 몸통 뼈만 몇 토막이 들어 있었다. 즉, 살을 발라낸 나머지 부분, 서덜이었다.

내 관심을 끈 것은 물고기 머리의 생김새였다. 어차피 서덜이므로 몸통의 모습은 확실하게 알 수 없었다. 머리의 생김새로 보아 가늘고 긴 물고기 같긴 했지만. 전에 미나미다이토섬에 갔을 때 이런 물고기를 먹는다고 들은 적이 있었다.

생선 머리는 새카맣고, 거기에 커다란 눈이 붙어 있었다. 위턱보다 아래턱이 조금 더 튀어나오고, 아래턱 끝에 있는 날카로운 이빨은 입에서 바깥으로 뻗어 있었다. 흉악하다는 표현이 어울리는 생김새였다.

이런 물고기는 그때까지 본 적이 없었다.

집에 돌아와 주섬주섬 탕을 끓였다. 나쁘지 않았다. 기름기가 많아서 맛이 있었다. 머리 세 개 중 두 개는 요리를 하고, 하나는 머리뼈 표본을 만들었다. 입 안에 날카로운 이빨이 빽빽하게 들어차 있어서 제법 근사했다.

그런데 건조시키는 동안 뼈가 점점 누렇게 변했다. 뼈도 기름기를 꽤 많이 함유하고 있는 것이다.

이때는 그저 재미있는 물고기를 먹었다는 생각을 했을 뿐이다.

기타다이토섬에서 알려 준 바로는 긴갈치꼬치라는 물고기였다. 바로 그 물고기 이름이 오에 씨의 입에서 아무렇지 않게 나온 것이다.

긴지느러미갈치와 긴갈치꼬치는 모두 깊은 바다에 서식하고 있다. 조각난 파편들이 조금씩 맞아 들어가기 시작했다. 마치 전체 그림을 모르는 채 직소 퍼즐을 맞춰 가는 것처럼. 그리고 다음에 들어갈 퍼

냉동 팩에 들어 있던 생선

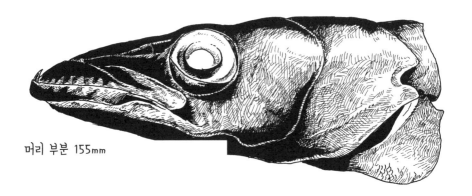

머리 부분 155mm

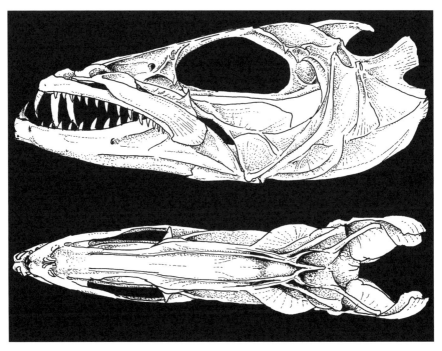

머리뼈

즐 조각이 생각지도 못하게 눈앞에 나타났다.

오에 씨가 나고야로 돌아간 뒤 며칠이 지났다. 나는 다시 아와세 어업 협동조합 직매장으로 갔다. 오에 씨와 생선국 정식을 먹으러 갔을 때 그곳에는 작은 다랑어들이 산더미처럼 쌓여 있었다. 다시 간 이유는 작은 다랑어를 구입하기 위해서였다.

나는 다랑어 하나를 통째로 해체해 본 적이 없다. 너무 비싸서 엄두가 나지 않았기 때문이다. 지난번에 본 작은 다랑어는 그렇게 비싸지 않을 것 같았다. 그런데 이날은 다랑어가 한 마리도 보이지 않았다. 만새기도 볼 수 없었다. 집 근처 시장에서도 늘 보던 비늘돔이나 퉁돔만 있었다.

"살 게 없네."

조금 실망했다. 그런데 시장을 어슬렁거리다가 어떤 물고기에 눈길이 멈췄다. 전체가 거무스름한 은색이었고, 넓은 몸통에는 세로로 검은 줄이 여러 개 뻗어 있었다. 유심히 보니 등은 푸른빛도 띠고 있었다. 머리형이 둥그스름하고 크기는 한 30센티미터 정도였다.

"혹시……? 하지만 그 물고기도 먹을 수 있는 건가?"

머릿속에 이름 하나가 떠올랐다. 하지만 먹을 수 있다고는 한 번도 생각해 보지 않았다. 예상치 못한 장소에서 맞닥뜨리니 당혹스러웠다.

우선 소쿠리에 그 물고기를 한 마리 담았다. 한 마리면 아쉬우니 그 옆에 놓여 있는 노란색 예쁜 물고기도 소쿠리 안에 넣었다. 매장에서 무게를 재 주었다.

"이 물고기는 이름이 뭐예요?"

마음에 걸리는 물고기의 이름을 물어보았다.

"동갈방어예요. 노란색 물고기는 꽃자붉돔이고요."

'역시 그랬구나!'

집으로 돌아오자마자 바로 도감을 펼쳐 보았다. 사토가 갖고 있는 것을 보고 나도 그 도감을 샀다. 과연 그 물고기가 있었다.

동갈방어다. 역시 그랬다.

"동갈방어도 먹는구나."

나는 깜짝 놀랐다.

동갈방어는 영어로는 '파일럿피시(pilotfish)'라고 부른다. 상어와 같은 큰 물고기에 붙어사는데, 마치 길을 안내하는 것처럼 앞장서서 헤엄치는 습성이 있다. 상어는 동갈방어를 공격하지 않는다. 그리고 동갈방어는 상어가 먹고 남긴 것을 먹으며 살아간다. 동갈방어의 화려한 외모는 상어와 같은 대형 물고기들에게 자신이 동갈방어라는 것을 알려 주는 신호이다.

상어가 아니더라도 만새기나 떠다니는 나무에 붙어 다니는 것도 있다. 나는 낚시를 해 본 적도 없고 열대어를 키워 본 적도 없지만, 어렸을 때 야생 동물들이 나오는 프로그램을 매우 좋아했다. 당시에

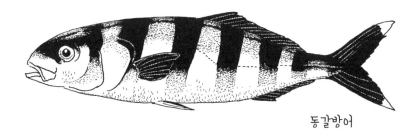

동갈방어

방영되던 〈동물의 왕국〉이라는 프로그램이 시작되면 텔레비전에 착 달라붙어 넋을 빼고 들여다보았다.

실물을 본 적은 없지만 TV 프로그램에서 동갈방어를 여러 번 보았다. 더욱이 동갈방어는 내가 가장 좋아하는 책에도 등장한다. 도감을 치우고 이번에는 내가 가장 좋아하는 책을 책장에서 빼냈다. 노르웨이 출신의 고고학자 헤이에르달의 수작인 《콘티키호 탐험기》이다.

태평양에 수많은 섬들이 모여 있는 폴리네시아. 헤이에르달은 폴리네시아에 사는 주민들이 남미에서 뗏목을 타고 이주해 온 사람들의 후손이라고 추정했다. 고구마는 신대륙에서 기원한 작물인데, 백인 탐험대가 폴리네시아 섬들을 발견했을 때 이미 그 땅에서 고구마를 재배하고 있었다. 따라서 폴리네시아 주민이 신대륙 원주민의 후손이라는 것이다.

"그건 불가능해요."

당시 고고학자들은 입을 모아 이 학설에 반대했다. 헤이에르달은 이 학설을 증명하기 위해 직접 항해를 하기로 했다. 그는 먼저 남미로 날아가 현지에서 발사나무를 잘라서 뗏목을 만들었다.

발사나무는 매우 가벼운 재질이라서 모형 비행기를 만드는 데 사용된다. 이 뗏목을 타고 항해에 성공할 수 있을지는 확실치 않았지만, 헤이에르달과 함께 항해하기 위해 탐험대원 다섯 명이 차례차례 모여들었다. 그들은 잉카 태양신의 이름을 따서 뗏목에 '콘티키호'라는 이름을 붙였다.

콘티키호는 남미 페루에서 출항해 바람과 파도에 실려 석 달 동안 항해한 끝에 무사히 폴리네시아에 있는 작은 무인도에 상륙한다. 고고학의 학설을 증명한다는 내용보다는 섬 그림자도 보이지 않는 망망대해를 몇 달 동안이나 표류한다는 점이 인상적인 책이었다.

뗏목은 보통 배와 달리 발 바로 아래에서 파도가 출렁인다. 헤이에르달은 석 달 가까이 해수면에 닿을락 말락 하며 지낸 것이다. 자연스럽게 탐험대원들은 뗏목 위에서 다양한 바다 생물들을 만난다.

'그중에 분명히 동갈방어가 있었는데⋯⋯.'

페이지를 넘겨 가며 찾아보았다.

"있다!"

콘티키호 주변에는 물고기들이 자주 나타났다. 대표적인 것이 만새기다. 만새기는 원양의 표층에 서식하는 물고기로, 표류물에 모여드는 습성이 있다. 원양에는 숨을 장소가 없기 때문에 작은 물고기들이 표류물에 모여든다. 그러므로 작은 물고기를 먹고 사는 만새기 역시 표류물 아래로 찾아온다. 표류물 아래서는 먹이를 쉽게 잡을 수 있기 때문이다. 만새기는 해수면을 떠다니며 물에 떠 있는 사체에 들러붙어 살기도 한다.

뗏목에 늘상 붙어 다니는 물고기는 만새기와 동갈방어였다.

《콘티키호 탐험기》에는 그렇게 쓰여 있다.

탐험대원들이 아침에 눈을 떠 경험한 이야기들이 꽤나 재미있다. 잠이 덜 깬 눈으로 칫솔을 바닷물에 담근 순간 먹이로 착각한 만새기가 번개처럼 뗏목 밑에서 튀어나왔고, 그 모습에 깜짝 놀라서 잠이 확 깼다는 이야기도 나온다.

탐험대원의 한 사람인 톨스타인은 만새기가 엄지발가락을 물어서 한참 동안 절름거렸다고도 한다. 한편 동갈방어는 만새기나 상어를 따라 뗏목으로 찾아왔다. 탐험대원들이 만새기를 낚자 한참 동안 어찌할 바 몰라 하다가, 뗏목을 새로운 주인으로 삼아 따라왔다고 한다. 책 속의 한 구절을 소개하겠다.

동갈방어는 콘티키호의 애완동물이 되었다. 동갈방어에 손을 내미는 것은 뗏목 위에서 금지된 일이었다.

이런 문장도 동갈방어를 먹는다고는 생각할 수 없게 만드는 내용이었다. 동갈방어로 버터 구이를 해 먹으면 방어와 맛이 비슷하다고 한다. 도감을 찾아보니 이름 그대로 방어의 일종이다. 그리고 사람들이 즐겨 먹는 생선이다.

《콘티키호 탐험기》를 넘기다가 "앗!" 소리를 내뱉었다. 책 속에 긴갈치꼬치도 나온 것이다. 긴갈치꼬치는 심해의 물고기다. 그런데 어떻게 해수면에서 둥실거리는 뗏목 위에서 볼 수 있었던 것일까.

실은 심해어 중에는 밤이 되면 먹이를 찾으러 표층까지 올라오는 물고기가 있다. 어느 날 밤 콘티키호에 긴갈치꼬치가 기어 올라와 큰 소동이 벌어졌다. 램프가 뒤집혔고, 자고 있던 탐험대원들 사이를 꿈틀대며 기어 다녔다.

탐험대원 중 한 명인 뱅크트는 잠결에 긴갈치꼬치를 보고 그런 물고기는 세상에 존재하지 않는다고 중얼거리고 다시 잠들었다고 한다. 그리고 나중에 다시 긴갈치꼬치가 뗏목의 끈을 물어뜯고 있는 모습을 보게 되었다.

헤이에르달은 책에 이렇게 기록하고 있다.

> 대나무 선실에서 램프를 둘러싸고 앉아 있던 우리 여섯 명은 살아 있는 이 물고기를 맨 처음 본 사람들이었다. 예전에 남미의 바닷가나 갈라파고스섬에서 긴갈치꼬치의 뼈가 발견된 적이 두세 번 있다.

하지만 나는 이 물고기의 서덜을 불과 며칠 전에 먹었다. 그 순간 문득 이런 생각이 떠올랐다.

"오키나와는 태평양에 떠 있는 커다란 뗏목과 같구나."

만새기, 동갈방어, 긴갈치꼬치. 오키나와에서는 헤이에르달이 뗏목 탐험을 하면서 만난 수많은 물고기들을 시장에서 판다. 떠다니지도 않고, 크게 와닿진 않지만 사방이 태평양으로 둘러싸여 있는 오키나와섬은 바로 커다란 뗏목과 같은 것이다.

《콘티키호 탐험기》를 처음 읽은 날부터 나는 콘티키호의 탐험을 동경해 왔다. 하지만 생각해 보면 나를 비롯한 오키나와 주민들은 모두다 매일매일 콘티키호처럼 탐험을 하고 있는 것 아닐까.

'식탁의 뼈 바르기' 프로젝트에서 무엇을 목표로 할지가 어렴풋이 보이기 시작했다. 바로 '오키나와=태평양의 뗏목'이라는 가설이다.

내가 직접 이것을 증명해 보기로 했다.

이렇게 해서 콘티키호의 탐험을 따르는 여행이 시작되었다.

2

콘티키호의 물고기들

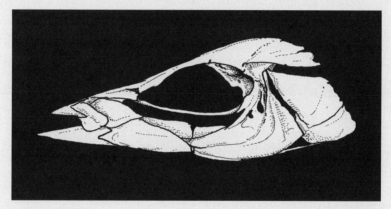

꽁치 60mm

시장의 상어

"앗!"

사토가 외마디 탄성을 지르더니 갑자기 어딘가로 달려갔다. 사토가 달려간 곳으로 눈을 돌리자 커다란 물고기가 콘크리트 바닥에 뒹굴고 있다. 허둥지둥 사토의 뒤를 따라가니 커다란 청상아리의 모습이 눈에 들어왔다. 지금까지 텔레비전이나 도감에서만 보던 청상아리가 눈앞에 맥없이 놓여 있었다. 이름대로 파란 등은 윤기가 흐르고, 유선형의 몸은 아름다웠다. 한참을 넋을 잃고 바라보았다.

「no.123, 81kg」

매직으로 아무렇게나 휘갈겨 쓴 종이를 청상아리 몸에 철썩 붙여 두었다.

"여보세요? 지금 시장인데, 청상아리가 올라왔어. 경매 끝날 때 와서 잘라 낸 머리 좀 받아 줄래?"

사토가 휴대폰을 꺼내 대학 후배인 것 같은 사람에게 부탁을 했다.

이럴 수가. 지금은 새벽 3시 반이다. 느닷없이 전화를 걸어 그런 부탁을 할 수 있는 사람이란 도대체 어떤 관계일까? 물고기에 빠진 괴짜들의 비밀 조직이라도 있는 것일까?

"대학 때는 매일 새벽 시장에 들렀다가 학교에 갔어요. 엄청 재미 있었는데."

사토네 집에 갔을 때 사토가 들려준 이야기다.

사토가 말하는 시장은 우리 집 근처에 있는 시장이나 아와세 어업 협동조합의 직매장과는 다른 도매 시장이다. 물고기에 흥미를 가지기 전에는 그런 시장이 있다는 것조차 모르고 있었다. 나하의 항구 근처에 있어서 우리 집에서 30분이면 갈 수 있지만, 도매 시장이기 때문에 일반인들은 시장 안에 있는 작은 매점을 제외하면 생선을 구매할 수 없다. 단, 방해가 되지 않는다면 경매가 시작되기 전에 구경은 가능하다고 사토가 알려 주었다.

"우리도 가 보고 싶어."

나와 스기모토가 그렇게 졸라서 경매가 시작되기 전 새벽 3시에 사토의 안내를 받아 온 것이다.

시장은 체육관보다도 훨씬 넓었다. 아무것도 없는 콘크리트 바닥에 기둥이 줄줄이 세워져 있는 구조였다. 시장에서 가로로 긴 부분을 두 구역으로 나누어, 한쪽에는 소매점이나 시장을 이용하는 사람들을 위한 작은 식당들이 모여 있었다.

나머지 한쪽에는 콘크리트 바닥만 넓게 펼쳐져 있었다. 이 구역을 다시 크게 세 부분으로 나누어 물고기를 늘어놓았다. 하나는 야에야마 등 오키나와 각지에서 모여든 물고기를 놓아둔다. 또 하나는 다랑어, 돛새치 등 대형 물고기를 놓아둔 공간이다. 마지막은 오키나와섬 근처에서 잡은 물고기들을 놓아둔다.

물고기가 이렇게 끝없이 늘어선 것은 처음 보았다. 그중에서도 압

권이었던 것은 다랑어나 돛새치 같은 대형 물고기가 끝도 없이 늘어선 장면이었다. 오키나와는 사방이 원양으로 둘러싸여 있다. 그러므로 다랑어, 돛새치는 갓 잡아 냉동되기 전 상태였다.

"이렇게 많은 양의 다랑어나 돛새치를 매일 먹고 있구나."

가장 먼저 그 사실에 깜짝 놀랐다. 그리고 이렇게 크고 많은 물고기들이 헤엄치는 바다가 얼마나 넓은지를 새삼 느끼게 되었다.

콘티키호의 탐험대원들은 바다를 떠다니는 동안 다랑어 낚시를 자주 했다. 다랑어는 먹기만 한 것이 아니라 시간을 때우는 데도 아주 유용했다.

책에 이런 설명도 있다.

우리가 가장 좋아했던 것은 황금색 지느러미의 다랑어가 헤엄쳐 와서 해수면 아래로 잠수하는 모습이었다.

물속에서 헤엄치는 다랑어의 모습은 참으로 우아하고 아름답다. 그 모습을 보면서 콘티키호의 탐험대원들은 즐거워했다. 헤이에르달은 돛새치도 만났다. 밥을 먹고 있을 때 돛새치가 뗏목 바로 옆에서 뛰어오르는 바람에 물보라를 맞아 음식들이 모두 짜졌다고 했다.

시장에 다랑어는 통째로 들어오지만, 돛새치는 머리와 지느러미를 잘라 내 통나무 모양으로 쌓아 둔다.

"돛새치의 비늘은 이렇게 생겼어요."

사토가 늘어선 돛새치 사이를 누비면서 피부 단면에서 비늘을 집어 내 손에 건넸다. 돛새치의 비늘은 가늘고 길다. 그리고 끝은 v자로

깊게 파여 있다.

"돛새치도 비늘이 있다니."

처음 알게 된 사실이었다.

오키나와에서는 돛새치로 생선 튀김을 만들어 먹는다. 오키나와식 튀김 요리는 튀김옷이 두껍다. 산호 학교 뒤쪽에도 튀김집이 있는데, 여기서는 가늘고 길게 자른 돛새치 튀김을 하나에 20엔에 팔고 있다. 이것은 학생들이 매우 좋아하는 간식이다. 하지만 이곳에선 돛새치를 자르기 전의 모습을 볼 기회는 거의 없다.

"이건 검목상어가 물어뜯은 흔적이에요."

사토가 가리키는 곳을 보니 몸통에 동그랗게 파인 자국이 있다. 마치 아이스크림 푸는 숟가락으로 뜬 것처럼 동그랗게 상처가 나 있다.

검목상어의 영어 이름은 쿠키커터상어(cookiecutter shark)이다. 물린 자국이 쿠키처럼 생겼기 때문이다. 몸집은 가늘고 긴데 전체 길이는 약 50센티미터로 작은 상어이다. 몸의 크기에 비교하면 이빨은 상어 중에 가장 크다. 사냥감을 공격할 때는 턱으로 사냥감을 짓누르고 몸을 회전시켜서 한쪽을 물어뜯는다. 이 때문에 공격을 받은 다랑어나

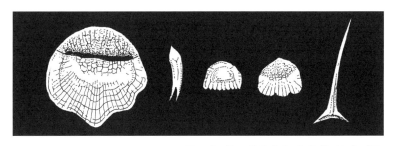

물고기 비늘. 왼쪽부터 파랑비늘돔의 일종, 돛새치의 일종, 하스돔, 풀잉어, 쥐복

돛새치에 흉터가 동그랗게 생기는 것이다.

물고기로 오인했는지 잠수함을 공격했다는 기록도 있다. 검목상어는 낮에는 심해에서 지내다가 밤에는 표층까지 올라온다고 한다. 시장에서 본 다랑어나 돛새치에 있던 흉터는 아마도 밤에 낚싯줄에 걸려 몸을 움직일 수 없을 때 검목상어가 공격해서 생긴 것 같다.

우리가 간 날은 다랑어나 돛새치 사이에 커다란 청상아리가 한 마리 놓여 있었다.

상어 중에는 괭이상어처럼 연안 지역에 사는 상어가 있는 반면, 원양 영역에서 주로 서식하는 종도 있다. 상어 하면 대표적으로 떠올리는 것이 바로 청상아리인데, 상어 중에서 가장 빠르게 헤엄친다.

《콘티키호 탐험기》에는 다음과 같은 장면이 등장한다.

싸움을 벌이는 동물은 주로 다랑어와 만새기였다. (중략) 다랑어가 공격하는 쪽이다. 70~90킬로그램의 물고기가 만새기 머리를 입에 물고 피투성이가 되어 공중으로 높이 뛰어올랐다. (중략) 때때로 상어도 분노로 눈이 뒤집혔다. 상어가 커다란 다랑어를 물어뜯으면서 싸우는 것이 보였다.

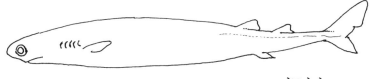

검목상어

만새기는 다랑어에게 먹히고, 다랑어는 청상아리에게 먹힌다. 청상아리는 원양의 생태계 가장 꼭대기에 위치하는 물고기다. 그런 물고기가 발밑에 나뒹굴고 있다.

콘티키호의 탐험대원들은 상어도 자주 낚았다. 상어 고기를 바닷물에 담가 불쾌한 냄새를 잡으면 대구와 맛이 비슷하다고 쓰여 있다.

나는 그때까지 딱 한 번 상어를 먹어 보았다. 전에 살았던 사이타마현의 한노시에서는 때때로 마트의 생선 코너에서 토막 낸 상어 고기를 팔기도 했다. 하루는 상어 고기 한 토막을 사서 학생들과 어묵 만들기에 도전한 적이 있다. 사전 조사도 하지 않고 즉흥적으로 만든 어묵은 한 입 두 입 먹을 때는 괜찮았는데 계속 먹으니 속이 메슥거려서 결국 토해 버렸다. 그 기억은 지금까지 강렬하게 남아 있다.

상어는 몸속에 요소와 트리메틸아민이라는 성분들을 고농도로 가지고 있다. 갓 잡은 상어 고기는 괜찮지만, 시간이 지나면서 요소와 트리메틸아민이 암모니아와 같은 우리 몸에 해로운 물질로 변화한다. 그렇기 때문에 시간이 지난 상어 고기는 냄새도 나고 몸에도 좋지 않다.

상어를 어떻게 요리하면 좋을지 찾아보니 식초를 넣은 물로 여러 번 씻어 주는 것이 좋다고 한다. 상어 고기를 씻은 물은 하얗게 거품이 이는데, 거품이 일지 않을 때까지 반복해서 씻으면 냄새가 사라진다. 이렇게 처리한 상어 고기는 회나 스테이크 등 다양한 방법으로 요리해서 먹는다. 또 끓는 물에 살짝 데치거나 소금에 절여 말리는 방법으로 가공을 하기도 한다.

예전에는 오키나와 시장에서 소금에 절여 말린 상어 고기를 자주

시장의 상어

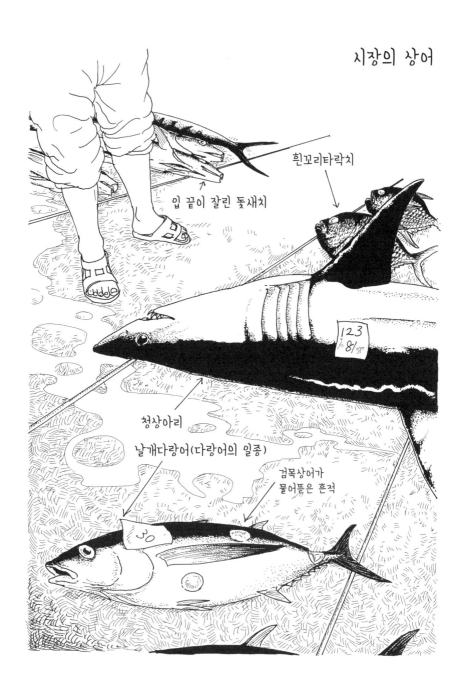

흰꼬리타락치

입 끝이 잘린 돛새치

청상아리

날개다랑어(다랑어의 일종)

검목상어가
물어뜯은 흔적

팔았다고 한다. 하지만 지금은 시장을 아무리 둘러보아도 찾아볼 수 없다. 오키나와에서는 점차 상어 고기를 먹지 않게 된 것 같다. 시장에 굴러다니는 청상아리는 모두 어떻게 되었을까는 수수께끼다.

청상아리와의 만남으로 한껏 흥분이 되었다. 이제 시장을 대략 한 바퀴 둘러보았다고 생각할 무렵, 또다시 낯선 물고기를 보게 되었다. 새카맣고 가늘고 긴 물고기였다. 몸 표면에 비늘은 없고 전체적으로 점액이 흐르는 느낌이었다. 몸에 비해 머리가 크고 납작한 것도 이상했다.

"이건 날새기예요. 양식이에요."

사토가 힐끗 쳐다보고는 아무렇지 않게 말하면서 앞으로 계속 걸어갔다.

'날새기라고?'

날새기를 양식한다는 말은 처음 들었다.

'양식이라니? 저런 물고기를 양식한다는 거야?'

낯선 물고기가 마음에 계속 걸렸다.

시장 견학을 마치고 난 뒤로 날새기라는 물고기를 어떻게 해서든 먹어 보고 싶어졌다. 그건 오에 씨가 가르쳐 준 한 권의 책 때문이다.

1972년에 발행된 《오키나와의 물고기》라는 책이었다. 류큐 수산 협회에서 발행한 책으로, 오키나와가 일본으로 귀속되기 전에 발행되었다. 페이지마다 낡아서 바랜 사진들이 보이고, 물고기 이름도 오키나와 이름과 함께 표기되어 있다. 그리고 불과 수십 년 전에 발행된 책인데도, 책이 쓰여진 당시와 지금은 물고기를 요리하는 방법이 많이 달라졌다는 사실도 알 수 있다. 그 책에 날새기가 소개되어 있다.

　　열대나 아열대의 중간층을 떠다니다가 다랑어를 잡는 낚싯줄에
　걸려 때때로 시장에서 볼 수 있다.

　더불어 그때는 날새기 양식이 아직 이루어지지 않았다는 것을 알
수 있다. 즉, 날새기도 원래는 원양의 물고기였던 것이다. 내 흥미를
끈 건 다음에 덧붙여진 설명 때문이다.

　　날새기는 빨판상어와 맛이 똑같다.

　동갈방어와 마찬가지로 빨판상어를 먹는 건 본 적이 없었다.
　예전에는 지금과 같은 대형 수조가 없어서 수족관에도 작은 수조
뿐이었다. 빨판상어도 대형 물고기의 배가 아닌 좁은 수조의 유리 벽
에 마음 붙일 곳 없는 것처럼 빨판으로 가만히 붙어 있었다. 그것이
빨판상어에 대해 내가 기억하는 모습이었다. 그런데《오키나와의 물
고기》에는 ‘때때로 시장에서 볼 수 있다.’라고 쓰여 있었던 것이다.

　‘오키나와=태평양의 뗏목’이라는 가설을 생각해 냈을 때, 콘티키호
의 탐험대원들이 만난 물고기들을 모두 보고 싶어졌다. 그리고 가능
하면 그 물고기들을 모조리 먹어 보고 싶었다. 다랑어와 돛새치는 이
런 생각을 하기 이전부터 이미 먹고 있었다. 만새기와 동갈방어와 긴
갈치꼬치도 먹어 보았다.

상어는 오키나와 시장에서는 좀처럼 모습을 볼 수가 없지만, 그래도 언젠가는 먹어 볼 수 있을 것 같았다. 하지만 도무지 불가능할 것 같은 물고기가 있다. 바로 빨판상어다.

왕성하게 상어 낚시를 하고 있던 콘티키호의 탐험대원들은 낚아 올린 상어의 몸에 빨판상어가 찰싹 달라붙어 있는 것을 보았다. 그리고 태평양을 표류하다 보니 뗏목에 빨판상어가 몇 마리나 달라붙어 함께 여행을 하게 되었다고 한다.

빨판상어를 먹어 보고 싶었지만 그 바람은 도저히 이루어질 것 같지 않았다. 상상할 수 없을 만큼 수많은 물고기가 즐비한 어업 협동조합 시장에서도 이제는 빨판상어의 모습은 볼 수 없기 때문이다.

예전에는 오키나와에서 빨판상어를 먹었다고 한다. 그리고 빨판상어는 날새기와 맛이 비슷하다고 한다. 날새기는 양식으로 키우고 있어 현재는 시장에 가면 손쉽게 구할 수 있는 물고기가 되었다. 빨판상어를 손에 넣을 수 없다면 먼저 날새기를 먹어 보기로 했다.

다시 어업 협동조합 시장으로 갔다. 이번에는 오로지 날새기를 사기 위해서였으므로 일찍 일어날 필요가 없어 느긋하게 준비를 했다. 7시가 지나서 시장 안에 있는 소매점으로 갔다. 한 마리 가격이 가게마다 달랐다. 물론 가장 싼 것을 샀다. 전체 길이가 90센티미터인데 가격은 900엔이니 꽤 싼 편이다.

날새기는 보면 볼수록 이상야릇한 물고기다. 자세히 살펴보니 겉모습이 어쩐지 빨판상어와 비슷해 보인다.

"회로 먹으면 맛있어요. 서덜로는 탕을 끓이세요."

날새기

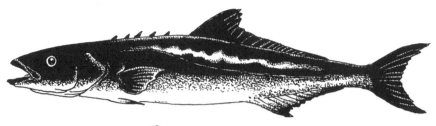

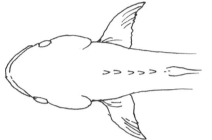

위에서 보면 머리가 납작하다.

몸길이 600mm

날새기 머리뼈(윗면) 115mm

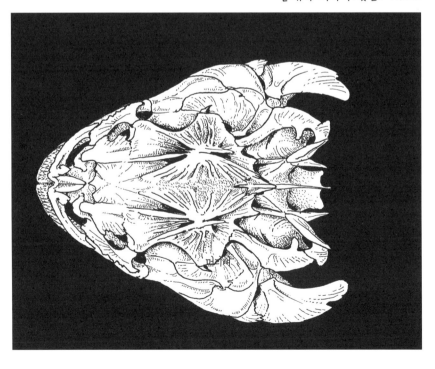

머리뼈

날새기를 파는 가게 주인이 그렇게 알려 주었다.

껍질이 굉장히 질겨서 회를 뜨는 데 힘이 들었다. 잔뼈도 많고 크기에 비해 살은 조금밖에 없었다. 맛은 나쁘지 않지만 조금 질겼다. 약간 느끼하긴 해도 회는 오히려 비늘돔보다 더 맛있었다.

'빨판상어의 맛도 이럴까?'

이날 저녁은 회, 카르파치오(익히지 않은 쇠고기나 생선의 살을 얇게 저며 소스를 뿌려 먹는 이탈리아 요리), 생선탕으로, 날새기 대잔치였다.

물론 머리는 골격 표본을 만들었다. 끓는 물을 붓는 정도로는 살을 떼어 낼 수 없을 만큼 껍질이 단단히 달라붙어 있었다. 결국 작은 냄비에 넣어 약간만 익히자 뼈에서 껍질이 벗겨졌다. 껍질 한 겹 아래에는 옹골찬 뼈가 있었다. 머리뼈가 왜 이렇게 단단한 걸까? 날새기는 겉모습뿐 아니라 뼈도 독특했다.

"빨판상어는 상어의 한 종류야?"

"그렇다면 빨판상어에서도 암모니아 냄새가 날까?"

빨판상어를 먹고 싶다고 말했더니 친구들이 저마다 물었다.

앞에 쓴 것처럼 상어 고기라고 하면 흔히 암모니아 냄새가 날 거라고 생각한다. 하지만 날새기에는 암모니아 냄새가 전혀 나지 않았다.

《어류 대도감》에 따르면 날새기는 농어목, 농어아목 날새깃과 물고기다. 즉, 연골어류인 상어와는 전혀 다른 목의 물고기다. 그리고 빨판상어도 이름은 상어지만 사실은 상어와 전혀 관계가 없다. 앞의 도감에 따르면 빨판상어는 농어목, 빨판상어아목의 빨판상엇과 물고기다.

농어목은 종수로 치면 현재 가장 많은 종이 포함된다. 다랑어도, 만새기도, 비늘돔도 모두 농어목에 속한다. 그중에서 빨판상어는 특수하게 진화했기 때문에 오랫동안 연관 관계를 알 수 없었다.

《어류 대도감》에서 날새기에 대한 설명을 읽어 보면 '생김새는 물론 대형 물고기에 붙어서 헤엄치는 모습도 비슷하여 빨판상어와 관련이 있다고 생각할 수 있다.'라고 쓰여 있다. 그리고 앞에서 말한 것처럼 날새기와 빨판상어는 아목의 단계에서 분류가 달라진다.

날새기와 빨판상어는 그저 우연히 맛이 비슷한 것일까, 아니면 정말 연관 관계가 깊어서 맛도 비슷한 것일까?

빨판상어는 수수께끼의 물고기다. 빨판상어를 먹어 보고 싶다는 바람이 한층 강렬해졌다.

그리고 간절히 원하면 반드시 이루어지는 법이다.

빨판상어의 뼈

'식탁의 뼈'를 시작으로 나는 시장에서 콘티키호의 물고기들을 뒤쫓기 시작했다. 그때 스기모토와 사토, 그리고 오에 씨가 나를 도와주었다. 《콘티키호 탐험기》에 비유하자면 이들은 다양한 전문 지식을 가진 탐험대원들이다. 여기서 탐험대원 두 사람을 더 소개하겠다.

바로 구니마사 씨와 다케 씨다. 두 사람 모두 오키나와에서 태어나고 자랐다. 구니마사 씨는 오키나와 북단에 있는 오쿠 지역 출신으로, 기상청에 근무하는 공무원이다. 다케 씨는 남부 사시키 마을 출신으로, 오키나와 전통 악기인 산신을 만드는 장인이면서 내가 있는 산호 학교의 강사이기도 하다.

이렇게 말하고 보니 공통점이 없어 보이지만, 두 사람 모두 어린 시절을 자연에 둘러싸여 보내서 자연에 얽힌 경험이 풍부하다는 공통점이 있다. 오키나와는 일본에 귀속되고 나서 자연도 변했고 사람들의 생활도 급격하게 달라졌다. 그런 환경에서 이 두 사람은 풍부한 자연을 경험한 기억을 지니고 있다.

구니마사 씨는 나보다 나이가 열 살 많은데, 두 사람의 경험담을 듣다 보면 마치 별세계의 이야기를 듣고 있는 것처럼 느껴질 때가 자주 있다. 아무튼 이 두 사람은 오키나와 사람들의 생활이나 자연과 관련한 궁금증을 바로바로 물어볼 수 있는 사람들이다. 그리고 둘은 뼈에 빠져 있는 나를 흥미롭게 여기고 이런저런 도움을 주고 있다.

콘티키호의 물고기를 쫓기 시작한 것은 꽤 오래전부터다. 그때까지 빨판상어를 수족관에서만 보았는데, 구니마사 씨 덕분에 처음으로 만져 볼 수 있었다.

'해양 학교의 실습선을 타는 후배가 청새치를 가지고 왔음. 연락 바람.'

어느 날 학교에 이런 팩스가 날아들었다. 구니마사 씨였다.

부랴부랴 구니마사 씨의 집으로 달려간 나는 웃음이 터졌다. 식탁 위에 음식물이 산더미처럼 수북이 쌓여 있었기 때문이다. 청새치를 넣기 위해 냉장고 안에 있던 음식물을 전부 꺼내 둔 것이다.

한 마리가 통째로 냉장고 안에 들어갔다. 전체 길이가 약 1.5미터인 새끼 청새치였는데, 목 부위를 접어 억지로 냉장고에 구겨 넣었다.

"갖고 싶어 할 것 같아서 통째로 달라고 했지."

언제나처럼 싱글벙글 웃으며 구니마사 씨가 말했다.

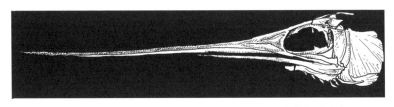

청새치 머리뼈 400mm

청새치를 학교로 가져가 해체했다. 고기는 프라이팬에 구워서 학생들과 나눠 먹고, 머리는 잘라 내 골격 표본을 만들었다. 놀랍게도 아가미뚜껑을 떼어 내자 그 안에서 몸길이 6.5센티미터인 작은 빨판상어가 모습을 드러냈다.

"어?"

처음에는 빨판상어가 왜 여기에 있는 것일까 의아했는데, 조사해 보니 빨판상어의 새끼는 이런 식으로 종종 큰 물고기의 아가미에 들어가 있기도 한다고 했다. 몸집이 작을 때는 이런 곳이 안전하기 때문이다. 청새치가 억지로 떼어 낼 우려도 없고, 자칫 잘못해서 청새치의 먹이가 될 우려도 없다. 아가미 안으로 흘러든 플랑크톤이나 아가미 안에 있는 기생충을 먹으면 되니 먹이를 구하는 데 어려움도 없다.

이것이 빨판상어와의 첫 만남이었는데, 참 특이한 만남이었다.

다음 만남도 묘했다.

"이건 안 줄 거야."

호시노는 먼저 그렇게 말한 뒤 말린 빨판상어를 보여 주었다. 호시노는 산호 학교 교장이다. 어렸을 때부터 생물을 좋아했고, 때때로 생각지도 못한 엉뚱한 것을 찾아내곤 했다. 호시노가 내민 것은 말린 빨판상어 세 마리를 끈으로 꼬리 부분을 묶어 하나로 붙여 둔 것이었다.

"누가 준 건데, 오키나와인지 어딘지 모르지만 부적으로 사용하는 것 같아."

호시노의 설명은 애매했다. 나도 나중에 그것과 비슷한 말린 빨판상어를 하나 손에 넣을 수 있었다.

이렇게 두 번이나 빨판상어를 만났지만, 너무 작거나 말린 것이어서 먹기는커녕 뼈를 발라낼 수도 없었다. 물론 이것은 빨판상어에 특별한 관심을 가지기 전에 만난 것이다. 그렇다면 의식적으로 찾아보면 더 쉽게 찾을 수 있지 않을까? 나는 그렇게 생각했다.

시장에서 날새기를 사 온 지 한참이 지났다. 학교는 봄 방학을 맞이했다. 방학 기간을 이용해 대학생 두 명이 우리 집에 놀러 왔다. 두 사람 모두 뼈에 흥미가 있다고 했다. 그래서 스기모토도 우리 집에서 숙식을 해결하며 바닷가에서 뼈를 줍거나 화석을 채집하거나 시장을 둘러보면서 지냈다. 마치 뼈 애호가들의 합숙 훈련이라도 하는 것 같았다.

그렇게 바닷가에서 뼈를 찾고 있을 때였다. 전에 한 번도 본 적이 없는 생소한 머리뼈를 발견했다. 거의 뼈만 남았지만, 군데군데 썩다 만 살이 듬성듬성 달라붙어 있었다. 이 뼈는 이상하리만치 위아래로 납작한 형태를 띠고 있었다.

"이쪽이 위 아니야? 아니, 이쪽이 위인가?"

위아래를 판단하는 것조차 쉽지 않았다.

"이거 혹시 빨판상어 아닐까요?"

조금 생각하더니 스기모토가 말했다.

과연! 그 말을 듣고 보니 머리뼈가 이렇게 납작한 것은 빨판상어밖에 없는 것 같았다. 빨판상어의 특징이라고 할 수 있는 머리의 '빨판'은 거의 없어져 버렸다. 그래도 바닷가에서 빨판상어의 뼈를 주웠

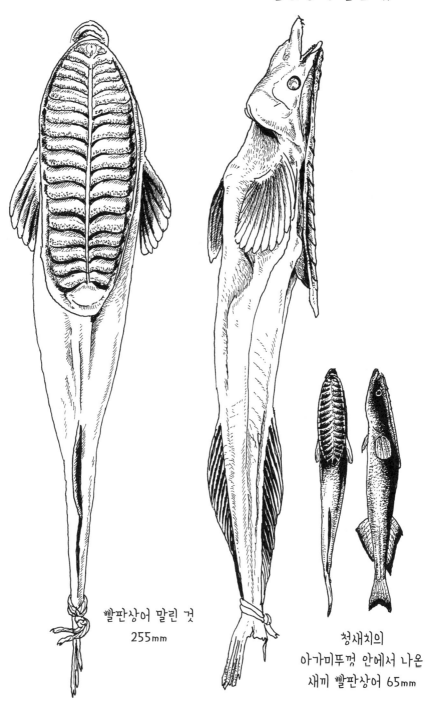

빨판상어 말린 것

빨판상어 말린 것
255mm

청새치의
아가미뚜껑 안에서 나온
새끼 빨판상어 65mm

다는 사실만으로 큰 수확이었다.

스기모토가 한 말이 마음에 걸렸다.

"전에 구메섬에서 빨판상어가 떠밀려 온 것을 본 적이 있어요. 하지만 많이 썩기도 했고 그때는 아직 물고기에 관심이 없을 때라서 주워 오지 않았어요."

그렇다면 오키나와의 바닷가에는 빨판상어가 종종 떠밀려 온다는 것일까? 만약 그렇다면 꾸준히 찾아보면 온전한 빨판상어를 주울 수 있을 것이다.

그때부터 빨판상어를 시장이 아닌 바닷가에서 찾아보기로 했다.

봄 방학은 오키나와 해안에 떠내려온 사체들을 줍기에 적당한 시기다. 오키나와는 겨울에서 봄까지 북풍이 분다. 북풍이 부는 11월부터 3월 말까지는 떠내려온 동물 사체가 많아지는 시기이다. 오키나와섬 서쪽 바다에는 구로시오 해류가 흐르기 때문에 바람의 방향에 맞추어 섬 서쪽으로 가면 떠내려온 사체들을 많이 주울 수 있다.

또 스기모토가 빨판상어의 사체를 발견한 구메섬처럼 오키나와섬 서쪽에 위치하는 작은 섬들이 사체를 줍기 좋은 곳이다.

그런데 봄 방학이라서 이래저래 바빠 좀처럼 바닷가로 갈 틈이 없었다. 봄 방학에는 대학생들뿐 아니라 다른 지인들도 돌아가며 오키나와를 찾아오기 때문에, 그 사람들을 맞아들이느라 시간에 쫓기는 것이다.

봄 방학의 어느 날이었다. 이날도 대학 때 친구들이 오키나와를 방문해 산으로 안내하고 있었다. 친구들을 안내하느라 한창 바쁠 때 다

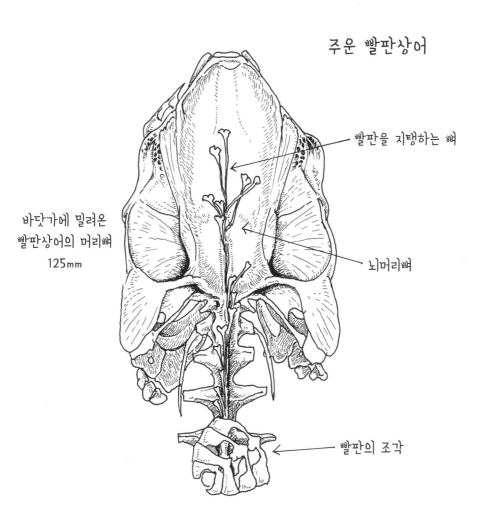

주운 빨판상어

빨판을 지탱하는 뼈

바닷가에 밀려온
빨판상어의 머리뼈
125mm

뇌머리뼈

빨판의 조각

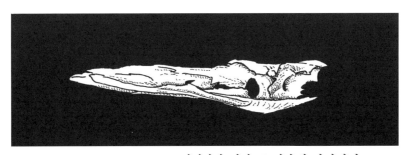

뇌머리뼈(옆면) 특이하게 납작하다. 75mm

케 씨에게서 전화가 걸려 왔다.

"드디어 그물에 걸렸어요!"

다케 씨가 전화로 그렇게 말했다.

다케 씨는 낚시를 매우 좋아한다. 낚싯대로 잡을 뿐 아니라 바다에 직접 그물을 설치하기도 한다. 그 그물에 쏠배감펭이라는 물고기가 걸린 것 같았다.

"전에 말한 적 있는데, 가시가 있고 거기에 독이 있는……."

"기억나요. 쏠배감펭?"

"네, 쏠배감펭."

온몸에 흰색과 붉은색 줄이 그어진 물고기로, 기다란 가슴지느러미와 등지느러미를 곤두세우고 우아하게 헤엄치는 이 물고기는 수족관에서도 자주 볼 수 있다. 그러나 가시에는 독이 있다. 독이 있는 대표적인 물고기다.

"쏠배감펭은 맛있어요."

다케 씨가 처음 그렇게 말했을 때는 쏠배감펭을 먹는다는 생각을 해 본 적이 없어서 마냥 놀랐다. 다케 씨는 내가 놀라던 것을 기억하고 일부러 전화를 건 것이다. 친구들을 다 안내하고 밤이 되어서야 다케 씨가 기다리고 있는 술집으로 향했다.

"여기요."

술집에 도착하자마자 다케 씨는 전체 길이가 20센티미터인 얼린 쏠배감펭을 건네주었다.

"독이 아주 독해요. 가시에 찔리면 큰일 나요."

등지느러미의 가시에 걸려 비닐봉지가 찢겨 있었다. 조심해서 그

봉지를 발밑에 놓았다. 다케 씨에게는 쏠배감펭도 그저 맛있는 생선일 뿐이다. 그렇다면 빨판상어 역시 잡거나 먹어 보지 않았을까?

"다케 씨, 빨판상어를 잡은 적 있어요?"

"빨판상어요? 예전에 항구에 가면 배 밑바닥에 많이 붙어 있었어요. 근데 최근에는 볼 수 없어요. 배 밑바닥에 도료를 칠하고 나서 붙지 않게 된 것 같기도 하고……."

"항구에 있는 배 밑바닥에 붙어 있었다고요?"

빨판상어는 오키나와에서는 의외로 흔히 볼 수 있는 물고기였다. 이것은 오키나와섬이 원양과 비슷한 환경이라는 뜻일까? 그렇지 않으면 빨판상어가 원양뿐 아니라 연안에도 있다는 뜻일까? 생각할수록 빨판상어에 대해서는 모르는 것투성이다.

"선생님, 빨판상어 갖고 싶으세요? 골격 표본을 만드시게요?"

골똘히 생각에 잠긴 나를 보며 다케 씨가 물었다.

"골격 표본도 만들고 싶지만 한번 먹어 보고 싶어서요."

"아, 그거 먹을 수 있어요? 먹어 본 적은 없는데."

다케 씨도 조금 놀란 얼굴로 되물었다. 먹지는 못하는 것일까? 쏠

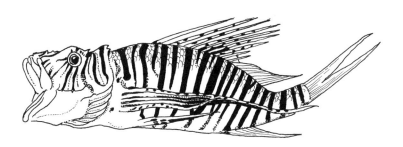

쏠배감펭 200mm

배감펭을 먹는 다케 씨도 빨판상어는 먹어 본 적이 없다고 했다. 아니, 먹을 수 있는 물고기냐고 도리어 나에게 물었다. 그렇다면 시장에서 빨판상어를 보기는 역시 어려울 것이다.

'바닷가로 빨판상어를 찾으러 가자.'

다시금 그런 생각이 들었다.

쏠배감펭을 집에 가지고 돌아와 조림을 해 보았다. 그럭저럭 맛은 있었다.

봄 방학이 거의 끝나 갈 무렵, 마침내 바닷가에 갈 기회가 생겼다. 떠내려온 사체가 많을 것 같은 바닷가를 모처럼 둘러보기로 했다.

난 도나키섬을 목적지로 정했다. 구메섬 가까이에 있는 도나키섬이 사체를 찾기에 적절한 바닷가라는 것은 잘 알고 있었다. 나하에 있는 항구에서 구메섬으로 가는 배를 타면 두 시간 정도 걸려서 도나키섬에 도착한다.

둘레 15.8킬로미터, 인구 500명 남짓의 작은 섬이었다. 민박집에 짐을 풀고 나서 곧장 바닷가로 걸음을 옮겼다. 날이 흐려서 당장이라도 비가 내릴 것 같았다. 희미하게 한기도 느껴졌다.

"날씨가 딱 좋네요."

섬을 건너기 전에 스기모토가 그렇게 응원해 주었다. 놀러 가는 것이 아니므로 날씨가 다소 흐린 편이 사체가 밀려올 가능성이 높다는 뜻이다. 스기모토가 비아냥거린 것이 결코 아니다.

바닷가에는 다양한 것들이 떠밀려 올라온다. 푸른우산관해파리와 작은부레관해파리가 먼저 눈에 띄었다. 신기한 이름의 이 파란색 해파리들은 원양 표층에 사는 해파리들이다. 모두 해수면에 닿을락 말락 무리를 지어 떠다니면서 살고 있다.

원양의 해파리들이 바닷가로 밀려 올라온다는 것은 원양에 사는 다른 생물들도 밀려 올라올 가능성이 있다는 뜻이다. 그렇다면 빨판상어도 올라올지도 모른다는 기대감이 차올랐다. 바닷가에는 원양에 사는 생물뿐 아니라 연안에 사는 물고기 사체도 떨어져 있다. 그중에는 몸통을 먹히고 머리만 남은 물고기 사체도 굴러다닌다.

떨어져 있는 물고기들을 오에 씨에게 보내기 위해 부지런히 주웠다. 항구를 그럭저럭 한 바퀴 돌고 이제 남은 곳은 항구 한쪽 끝뿐이었다. 그쪽으로 걸어가는데, 그곳에 빨판상어가 떠밀려 올라와 있었다. 반쯤 기대했다고는 하지만 역시나 기뻤다.

빨판상어는 두 마리였는데 이미 많이 썩어 있었다. 그냥 버려두긴 아까웠지만 한 마리를 통째로 들고 오기도 조금 망설여졌다. 그래서 가슴지느러미에서 뚝 떼어 내 머리 부분만 가지고 왔다. 많이 부패했어도 껍질이 질겨서 떼어 내는 데 조금 애를 먹었다.

주워 온 빨판상어의 머리는 파이프 세정제를 사용해 골격 표본을 만들었다. 튼튼한 껍질도 순식간에 녹이는 것을 보며 파이프 세정제의 효력에 새삼 감탄했다. 썩어 가는 사체는 익히거나 틀니 세정제를 사용하면 뼈가 바로 흩어진다. 그런 점에서도 파이프 세정제는 효과적이다.

빨판상어의 머리뼈가 이상하리만치 납작하다는 것은 이미 알고 있었다. 내가 머리뼈에서 보고 싶었던 것은 '빨판의 뼈'였다. 결론부터 말하면 빨판에서 껍질을 한 겹 벗기면 뼈만 고스란히 남는다.

빨판의 뼈

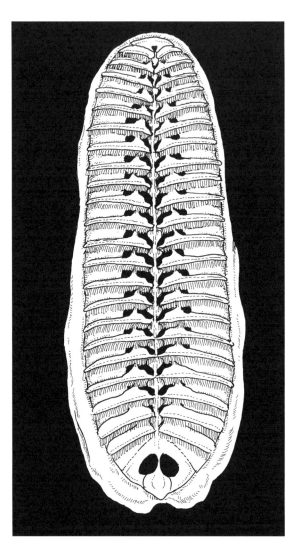

빨판상어의
빨판의 뼈
117mm

판상체

16mm

빨판상어의 빨판은 물고기의 등지느러미가 변형된 것이다. 책에서 그것을 읽었을 때는 도무지 감이 오지 않았다. 빨판의 뼈를 직접 보니 과연 등지느러미가 변화했다는 사실을 납득할 수 있었다.

빨판의 구조는 다음과 같다. 여러 개의 잔뼈가 양옆으로 나란히 붙어 있고, 그 가장자리의 심줄이 빨판 둘레를 빙 둘러싸고 있다. 빨판 안에 있는 잔뼈들은 '판상체'라고 부른다.

빨판이 썩으면 판상체는 하나하나 흩어진다. 이 판상체에는 잘 보면 가느다란 바늘 모양의 이빨이 자라고 있다. 빨판을 앞에서 뒤로 쓸어 보면 손가락이 걸리지 않지만, 반대 방향으로 쓸면 바늘 모양의 이빨에 걸린다. 이것이 빨판상어가 물고기에 달라붙기 위해 사용하는 비장의 무기이다.

지금까지 '빨판상어'라는 하나의 이름으로 써 왔지만, 사실 빨판상어는 여러 종이다. 그리고 그 종들이 서로 비슷하게 생겼기 때문에 빨판의 판상체 수로 정확한 종을 구분한다.

《어류 대도감》에는 아래와 같이 설명하고 있다.

열줄빨판이의 판상체 수: 10~11쌍

빨판상어의 판상체 수: 20~28쌍

대빨판이의 판상체 수: 17~19쌍

머리빨판이의 판상체 수: 14~17쌍

뼈대빨판이의 판상체 수: 17~18쌍

큰빨판이의 판상체 수: 24~28쌍

흰빨판이의 판상체 수: 12~13쌍

검정빨판이의 판상체 수: 17쌍

　내가 도나키섬에서 주운 빨판상어의 판상체는 23쌍이었다. 가슴지느러미의 형태나 그 밖의 다른 특징을 살펴보아도 보통의 빨판상어라고 볼 수 있다.

　한편 호시노가 가져온 말린 빨판상어를 보면 흔히 말하는 빨판상어와 가슴지느러미가 다르게 생겼다. 판상체 수도 적어서 18쌍밖에 없었다. 이것은 뼈대빨판이라고 볼 수 있다. 오키나와섬 바닷가에서 스기모토와 함께 찾은 빨판상어는 가장 핵심이 되는 빨판이 떨어져 나가서 정확하게 어떤 종인지 알 수 없다.
　이제 빨판의 뼈도 손에 넣었다.
　빨판상어는 서서히 나에게 다가오고 있었다.

빨판상어 파티

"빨판상어예요!"

절벽 위에 있던 스기모토가 외쳤다. 내려다보니 암벽 바로 아래 해
수면에서 작은 빨판상어가 헤엄치고 있었다. 몸통에는 세로로 하얀
줄이 두 줄 뻗어 있었다. 몸은 가늘고 길고, 꼬리지느러미는 둥글었
다. 생김새로 보아 열줄빨판이었다.

열줄빨판이는 하늘하늘 헤엄치면서 해수면에 떠 있는 물고기의 부
레를 밑에서 콕콕 찔렀다. 조금 전에 다케 씨가 손질한 갈치의 부레
였다.

"차 짐칸에 그물이 있어!"

난 황급히 외쳤다. 스기모토가 한달음에 달려가 트럭 짐칸에 실어
두었던 그물을 가지고 왔다. 그러나 어찌하랴, 싸구려 그물이다. 아
무리 스기모토라고 하지만 그 그물로는 무력했다. 열줄빨판이는 우
리를 전혀 신경 쓰지 않고 유유히 헤엄쳐 갔다. 그리고 서서히 암벽
에서 멀어지면서 흐느적흐느적 갈치 부레를 먹기 시작했다.

"아깝네요. 잡을 수 있었는데."

스기모토는 발을 동동 굴렀다.

이날 우리는 다케 씨와 사시키 마을의 항구에 와 있었다. 다케 씨가 쳐 놓은 그물을 직접 보러 온 것이다. 물고기를 잡아 항구 근처 암벽에서 손질하다가 우연히 열줄빨판이를 보게 됐다.

다케 씨가 예전에는 배 밑에 자주 붙어 있었다고 말했던 것이 사실이었음을 이로써 알 수 있었다.

오키나와에서는 빨판상어를 '배에 달라붙는 동물'이라는 뜻으로 불렀다는 것을 다케 씨가 알려 주었다.

이번에 항구에서 본 것은 열줄빨판이였다.

바닷가에 떠밀려 온 빨판상어를 언제 다시 볼 수 있을지는 알 수 없었다.

열줄빨판이를 둘러싸고 한바탕 소동을 피우고 있는데, 어느새 '바다 사나이'의 사장님도 암벽으로 올라왔다. 다케 씨는 사장님과 오랜 친구이면서 그 가게의 단골이다. 다케 씨에게 쏠배감펭을 받으러 간 곳도 사장님의 가게다. 가게 이름을 '바다 사나이'라고 지을 정도니, 사장님도 낚시를 매우 즐긴다는 걸 알 수 있었다.

하지만 가게를 열고 나서는 좀처럼 낚시를 할 수 없다고 투덜거렸다. 다케 씨가 나를 처음 바다 사나이로 불러냈을 때, 사장님은 가게 안의 누구보다도 곤드레만드레 취해 있었다. 그 모습에 조금 주눅이 들었다. 그 강렬한 인상이 제법 오랫동안 지워지지 않았는데, 그런 모습은 그때가 처음이자 마지막이었다. 게다가 알면 알수록 사장님은 비범한 사람이었다.

"대왕산갈치를 아나?"

이날도 갑자기 나에게 이렇게 물었다.

"사람들이 먹지를 않으니까 만약 잡혀도 그냥 버리지. 그물에는 잡히지 않지만 외줄낚시에 걸리기도 해. 갈치보다 납작하고 분홍색을 띤 녀석이야. 그렇지만 갈치와 달리 이빨은 없어."

이 말을 듣고 우리는 꼭 보고 싶다며 또 호들갑을 떨었다. 그러자 사장님은 씁쓸하게 웃으며 자기도 두 번밖에 본 적 없다고 했다. 대왕산갈치를 두 번이나 보았다니, 또 깜짝 놀랐다.

"시장에서 파는 다랑어에 동그란 구멍이 뚫려 있는 걸 본 적 있으세요?"

사장님이 보통내기가 아니라는 걸 알고 스기모토가 물었다.

"아, 나도 본 적 있어. 그게 뭔데?"

옆에서 이야기를 듣고 있던 다케 씨가 물었다. 스기모토는 검목상어에 대해 자신이 알고 있는 것을 말했다. 조용히 듣던 사장님은 스기모토의 이야기가 끝나자 천천히 말했다.

"기름기가 많은 물고기만 그렇게 당해. 그래서 같은 다랑어라도 구멍이 뚫려 있는 다랑어가 값이 비싸지. 그리고 가장 육질이 좋은 부분을 물리는 거야."

"아!"

우리는 감탄사를 내뱉을 수밖에 없었다.

난 사장님에게 물어보았다.

"빨판상어가 그물에 걸리기도 하나요?"

"그럼, 걸리기도 하지."

사장님은 태연하게 대답했다.

우리는 그날 우연히 하늘하늘 헤엄치는 빨판상어를 만났다. 빨판상어라고 하면 커다란 물고기에 달라붙어 있는 모습을 상상하지만, 그래도 자유롭게 헤엄쳐 돌아다니는 일이 많지 않을까? 여기저기서 빨판상어에 대한 정보를 모으면서 그런 생각이 들었다. 그렇다면 설치해 둔 그물에도 걸릴 것 같았다.

"모리구치 선생은 빨판상어를 먹어 보고 싶대요. 혹시 주변에 빨판상어가 그물에 걸렸다는 소식을 들으면 연락 주세요."

옆에서 다케 씨가 거들어 주었다.

'별난 녀석이구먼.'

사장님의 눈은 분명 그렇게 이야기하고 있었다.

2주일이 지났다. 봄 방학이 끝나고 신학기가 시작되었다. 입학식이다, 뭐다 해서 이런저런 준비로 바쁘게 지내던 나에게 한 통의 전화가 걸려 왔다.

"모리구치 선생님? 다케예요. 빨판상어가 들어왔어요."

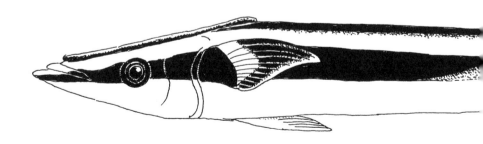

"네?"

설마 이렇게 빨리 연락이 올 거라고는 기대하지 않았다.

바로 차를 달려서 '바다 사나이'로 갔다. 문을 열자 다케 씨는 회를 안주 삼아 한잔하고 있었다. 카운터 맞은편에서 사장님이 "약속 지켰지?"라고 말하며 빙그레 웃었다.

카운터 옆에는 '오늘의 물고기'가 얼음이 채워진 쟁반에 진열되어 있었다. 그중에 빨판상어의 모습도 보였다. 열줄빨판이와 마찬가지로 몸에 줄무늬가 있는 보통의 빨판상어였다. 전체 길이는 60센티미터였다.

이 빨판상어는 내가 궁금해했던 대로 그물에 걸린 것이라고 했다.

다케 씨와 사장님에게 감사 인사를 한 뒤 집으로 가져왔다. 당장이라도 요리해 보고 싶었지만 다음 날까지 참기로 했다. 하룻밤 냉장고 안에 모셔 두기로 했다.

다음 날은 산호 학교의 입학식이었다. 입학식에 참석해 준 스기모토와 함께 집으로 왔다. 그리고 이날은 우리 집에 손님이 또 한 명 있

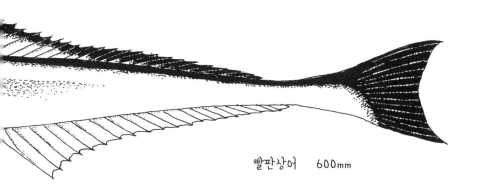

빨판상어　600mm

었다. 신입생의 아버지인 유모토 씨였다. 모처럼 귀중한 빨판상어를 손에 넣었으니 여러 사람이 함께 모여서 빨판상어 파티를 하려고 해체를 하루 미룬 것이다.

냉장고에서 빨판상어를 꺼내 와 뚫어져라 들여다보았다. 몸 표면에는 점액이 흥건했다. 껍질도 질겼다.

"장어와 같은 물고기들은 점액이 있는 게 이해가 가지만, 헤엄쳐 다니는 물고기가 이렇게 미끌미끌한 이유가 뭘까요?"

스기모토가 말했다.

"자칫 상어에게 공격을 받더라도 괜찮을 수 있도록 껍질이 두껍고 점액이 흐르는 거 아닐까?"

나는 그렇게 추측했다. 빨판상어가 어떻게 살아가는지에 대해서는 여전히 모르는 것투성이였다.

"오, 재미있는 물고기야!"

유모토 씨도 빨판상어를 흥미로워했다. 유모토 씨는 생물학자이다. 열대림 연구를 하는데 그 분야에서는 모르는 사람이 없다고 할 정도이다. 야쿠섬을 비롯해 아프리카, 아마존, 태국, 보르네오섬과 세계 각지의 숲에서 연구를 계속해 왔다.

식물은 물론이고 곤충이나 새에 관해서도 모르는 것이 거의 없을 정도로 박학다식한 사람이다. 그런데 그런 유모토 씨도 빨판상어의 빨판이 등지느러미에서 진화했다는 것을 몰랐다고 한다.

"정말로 그랬단 말이야?"

유모토 씨는 연신 감탄하며 빨판을 만지작거렸다.

난 머리를 떼어 내고 본격적으로 골격 표본을 만들기 위해 스기모토에게 살을 발라 달라고 부탁했다.

"모리구치 선생님은 다짜고짜 아가미부터 잡아 뜯거든요."

스기모토는 웃으며 흔쾌히 그 일을 맡아 주었다.

그렇다, 나는 성미가 급한 편이라서 뼈 바르기는 영 서툴다.

머리를 잘라 낸 후 몸통은 세 토막을 냈다. 엄청나게 미끄덩거렸다. 질긴 껍질에 주방 칼로 칼집을 넣은 후 미끄러지지 않도록 신문지로 껍질과 몸통을 각각 말아 힘껏 당겨서 껍질을 벗겼다.

위가 아주 컸다. 위를 벌리자 5센티미터가량 되는 작은 물고기가 거의 통째로 들어 있었다. 하지만 머리도 없고 껍질도 벗겨져 있어서 어떤 물고기인지 알 수 없었다. 이런 작은 물고기를 통째로 삼킨다는 것도 처음 알았다.

전날 우연히 간사이에 사는 친구 오카와 통화를 하며 이런 이야기를 주고받았다.

"빨판상어는 상어의 일종일까? 어? 아니라고? 이 녀석은 상어에 붙어살아서 편할까?"

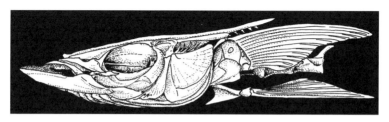

빨판상어 머리뼈   170mm

오카가 한 말은 사람들이 일반적으로 빨판상어에 대해 떠올리는 대표적인 모습일 것이다. '큰 물고기에 붙어서 편하게 살아가는 물고기'라는 이미지 말이다.

그런데 내가 손에 넣은 빨판상어는 그물에 잡힌 것이다. 그 말은 혼자 헤엄을 쳐서 다닌다는 것이고, 위 속에 있던 물고기도 직접 잡아먹었다는 뜻이다. 책을 찾아보니 빨판상어는 어렸을 때만 대형 물고기에 달라붙어 살고, 성장하면 혼자 독립적으로 살아간다고 쓰여 있었다. 그러니 우리가 흔히 생각하는 빨판상어에 대한 이미지는 일부분만 보고 오해하는 것이다.

그렇다면 빨판상어는 맛이 어떨까? 회를 떴더니 고기가 하얘서 기름기가 많아 보이는 것이 겉보기엔 맛있어 보였다.

"돛새치와 비슷하네요."

한쪽 손에 커터칼을 들고 빨판상어의 머리에서 살을 떼어 내고 있던 스기모토가 긁어 낸 고기 조각을 입에 넣으며 말했다.

유모토 씨도 맛을 보았다.

"정말이네. 나쁘지 않은데."

그 모습에 열심히 회를 뜨고 있던 나는 조금 분개했다. 그 정도도 못 기다리고 먼저 맛을 보다니.

회와 함께 서덜을 넣고 끓인 된장국을 식탁에 올렸다. 마침내 나도 빨판상어 고기를 입에 넣었다. 특유의 냄새도 없고 느끼한 것 같기도 하지만, 기름진 느낌은 없었다. 육질은 부드러웠지만 아주 맛있는 것은 아니었다. 회보다는 서덜로 끓인 탕이 더 입에 맞았다. 빨판상어를 먹어 본 소감은 이러했다.

빨판상어를 안주 삼아 밤늦게까지 술자리가 계속되었다. 유모토 씨는 세계 각지에서 경험한 이야기를 한 보따리 풀어 놓았다. 술을 마시지 않는 스기모토는 이야기를 들으면서 빨판상어의 머리에서 살과 껍질을 부지런히 잡아 뜯었다.

"이제 거의 다 뜯어 냈어요."

나와 유모토 씨가 거나하게 취했을 때 스기모토가 살을 다 발라냈다. 그리고 개수대에서 빨판상어의 머리를 씻기 시작했다.

"어, 이것 봐요! 빨판이 싱크대에 들러붙었어요."

스기모토가 말한 대로 뼈만 남았는데도 싱크대에 가져다 대자 빨판상어의 머리가 찰싹 달라붙었다.

"어, 정말이네!"

취기가 돈 유모토 씨와 나는 서로 해 보겠다고 옥신각신하며 스기모토에게서 머리를 빼앗아 떼었다가 붙였다가 하며 놀기 시작했다.

무심코 스기모토와 눈이 마주치자 빙그레 웃는다.

어떻게 이런 생각을 했을까?

물고기 몸통과 아주 가느다란 뼈로 이어져 있는 빨판은 손쉽게 떨어졌다. 스기모토가 애쓴 덕분이었다. 아무튼 가지고 놀기도 하고 먹기도 하며, 수수께끼의 빨판상어를 실컷 만질 수 있다.

물고기들의 진화

"하하하! 빨판은 머리뼈와 붙어 있지 않네요. 아, 원래 등지느러미 였으니까 머리뼈에 붙어 있으면 이상한가?"

빨판상어 파티를 열었을 때 스기모토가 머리의 살을 파내면서 그렇게 말했다. 빨판상어의 빨판은 등 쪽에 있는데, 위턱의 바로 위에서 가슴지느러미 가운데까지 있다. 원래 등지느러미가 변한 것이라고 해도 쉽사리 믿기지 않는 까닭은, 생긴 것도 영 다르지만 위치 때문이기도 하다.

살아 있는 빨판상어의 빨판은 살과 껍질로 몸통에 단단히 붙어 있다. 그러나 껍질을 벗기면 빨판의 앞부분은 떨어진다. 일반적으로 물고기의 등지느러미는 머리 뒤, 등 한가운데 붙어 있기 마련이다. 등지느러미가 변형하여 만들어졌다고 하는 빨판상어의 빨판은 머리뼈와 이어져 있지 않다. 빨판의 안쪽에는 가느다란 뼈가 있어서 그것이 몸 뒤쪽으로 튀어나와 있다. 이 가느다란 뼈가 빨판의 판상체를 일으키거나 넘어뜨리면서 흡착력을 만들어 낸다.

빨판이 등지느러미에서 유래했다는 것은 성장 과정을 관찰한 결과 알게 된 것이다. 《어류학 상권》에서는 열줄빨판이의 빨판이 치어에서 성어 과정을 거치면서 어떻게 변화하고 있는가를 그림과 함께 설명하고 있다.

몸길이가 21밀리미터일 때에는 빨판의 원형이 가슴지느러미의 반대쪽에 있고 아직 머리 위까지 미치지 않는다. 몸길이가 32밀리미터가 되면 빨판이 더 발달해 눈 언저리까지 뻗어 나간다. 그리고 몸길이가 50밀리미터가 되면 빨판이 위턱의 바로 뒤까지 자라 성어와 형태가 거의 같아진다.

이러한 성장 단계를 거치며 나타나는 빨판의 변화는 바로 빨판이 등지느러미에서 변형된다는 것을 보여 준다. 빨판상어는 성장 과정에서 스스로 거쳐 온 진화의 과정을 그대로 재현하고 있다.

재미있는 것은 1979년에 발행된 《어류학 상권》 초판에서는 빨판상어를 빨판상어목으로 독립적으로 분류하고 있다는 점이다. 그리고 이 책보다 나중인 1984년에 발행된 《어류대도감》에서는 빨판상어를 농어목, 빨판상어아목으로 분류해 놓았다. 어류의 분류 체계가 한 걸음 나아간 것이다. 특이하게 생겨서 처음엔 다른 물고기들과의 연관성을 몰랐지만 점차 어떤 연관이 있는지 알게 된 것이다.

그리고 2004년에 새로 발행된 《일본의 물고기, 계통도가 밝히는 진화의 수수께끼》를 읽고 깜짝 놀랐다. 거기에 아래와 같이 쓰여 있었기 때문이다.

존슨(1984년)에 따르면 빨판상엇과, 날새깃과, 만새깃과는 단일 계통군(하나의 조상을 가지는 무리)을 형성한다.

빨판상어와 날새기는 역시 연관성이 깊은 물고기들이었던 것이다. 그런데 만새기도 같은 계통이었을 줄이야.

그러고 보니 생각나는 것이 있다. 빨판상어의 살도 하얗고 만새기의 살도 하얗다. 《도야마만 어류 도감》은 책 한 권에 한 어종을 담은 재미있는 책인데, 제9호에서 다루는 물고기가 바로 만새기다.

책을 휙휙 넘겨 보다가 다음과 같은 내용을 보았다.

만새기는 시속 60킬로미터로 헤엄칠 수 있는데, 지구력은 없다. 그것은 근육이 하얀 근육이기 때문이다. 하얀 근육은 강한 순발력을 낼 수는 있지만 지구력이 떨어진다. 여기에 반해 빨간 근육이 많은 다랑어나 돛새치는 지구력이 있어 오래 헤엄칠 수 있다. 만새기와 다랑어는 모두 포식자이지만 둘은 성질이 다르다.

만새기는 표류물 밑에 모이는 습성이 있다. 그러고 보면 원양 표층에 사는 물고기들은 표류물 아래로 모여드는 습성이 있다는 점에서 공통점을 갖고 있는 것 같다.

그것이 만새기와 빨판상어가 공통으로 가진 조상 물고기의 모습이다.

표류물 아래에는 작은 물고기가 모이므로 먹이를 잡기 수월하다. 또 자신보다 몸집이 큰 포식자로부터 몸을 숨길 수도 있다. 다랑어처럼 빠른 속도로 오래 헤엄칠 수 없는 하얀 근육이 많은 물고기들에게는 이러한 장소가 의지할 곳이 될 것이다. 그러한 조상 물고기 중에서 순발력을 살려 진화한 것이 만새기이다. 반면 표류물이 아니라 다른 큰 물고기에 달라붙어 살아가는 물고기도 나타났는데, 그게 바로 빨판상어. 그리고 날새기는 빨판상어로 진화하기 전 단계의 모습을 보여 주는 물고기가 아닐까?

세 종의 연관성을 보여 주는 증거를 좀 더 찾을 수 있지 않을까 싶었다.

그래서 지금까지 먹은 물고기들의 뼈를 꺼내어 비교해 보았다.

머리뼈는 워낙 제각각으로 생겼기 때문에 서로 어떤 관련이 있는지 거의 찾아낼 수 없었다. 대신에 가슴지느러미가 붙은 관절의 뼈에서 뜻밖의 공통점을 찾았다. 흔히 '물고기 속 물고기'라고 불리는 뼈에 대해 들어 본 사람도 있을 것이다.

가슴지느러미가 붙은 관절 부분의 뼈가 마치 물고기처럼 생겼기 때문에 붙여진 이름이다. 이 뼈는 정확히 말하면 어깨뼈와 부리뼈가 붙어 있는 부분이다. 그리고 물고기처럼 생긴 이 뼈는 '열쇠뼈'라고 불린다.

식탁에서 발라낸 물고기의 열쇠뼈들을 손에 들고 살펴보았다. 포르스텐스파랑비늘돔, 청돔, 참바리, 큰눈갈돔, 노랑꼬리갈돔 등등이다. 사는 곳도 생김새도 다르지만 같은 농어목에 속하는 이 물고기들의 열쇠뼈는 얼추 비슷하다. 그런데 식탁에서 찾아낸 농어목의 물고기들 중에서 날새기, 만새기, 빨판상어의 열쇠뼈는 다른 물고기들과 조금 다르게 생겼다.

그중에서도 특수하게 진화한 빨판상어의 열쇠뼈는 다른 어떤 물고기들과 비교해도 전혀 다르게 생겼다. 반면 만새기와 날새기의 열쇠뼈는 비슷하게 생겼다.

날새기와 빨판상어는 전체 생김새나 습성이 비슷한 점이 있다.

그리고 날새기와 만새기에게는 비슷한 형태의 뼈가 있다.

눈앞의 뼈를 손에 들고 비교해 보니, 책에 나온 세 종의 연관성을 나름대로 알아차릴 수 있었다. 생각해 보면 빨판상어는 원래 원양 표층에서 살았던 것 같다. 그리고 원양 표층에서 살던 빨판상어 중 일부가 서식지를 연안으로 넓힌 거라고 볼 수 있지 않을까.

이렇게 해서 콘티키호의 물고기들을 쫓는 여행이 물고기의 진화를 살펴보는 여행과 겹치기 시작했다. 빨판상어 말고도 원양 표층에 사는 물고기들 역시 이러한 진화의 역사가 있을 것이다.

바다에서 연안 영역이 차지하는 비율은 불과 7퍼센트에 지나지 않는다. 원양 영역이 나머지 93퍼센트를 차지한다.

반면에 원양 영역에 서식하는 물고기 종은 400종을 넘지 않는다. 민물고기를 포함하여 전 세계 물고기는 약 26,000종이므로, 바닷물고기 중 대다수가 연안에서 살고 있는 것이다. 바닷물고기들에게 원래 고향은 연안이고 살아가기 더욱 쉬운 곳이다.

그렇게 보면 원양 표층에 사는 물고기들은 특정한 이유 때문에 연안에서 원양으로 삶의 터전을 바꾼 물고기들이라고 말할 수 있다.

예를 들면 원양 표층에 사는 대표적인 물고기인 다랑어에 관해 조사해 보았더니 놀라운 이야기가 책에 실려 있었다. 어류 학자인 나카무라 이즈미는 《동물들의 지구》라는 책에서 다랑어를 '불쌍한 존재'라며 측은히 여기고 있었다.

다랑어는 농어목 고등엇과 물고기다. 고등엇과에 속하는 물고기

열쇠뼈

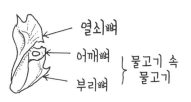

열쇠뼈
어깨뼈
부리뼈

물고기 속
물고기

자리돔의
가슴지느러미의 관절 뼈

① 만새기
② 날새기
③ 빨판상어
④ 파랑비늘돔의 일종
⑤ 참바리의 일종
⑥ 청돔
⑦ 큰눈갈돔

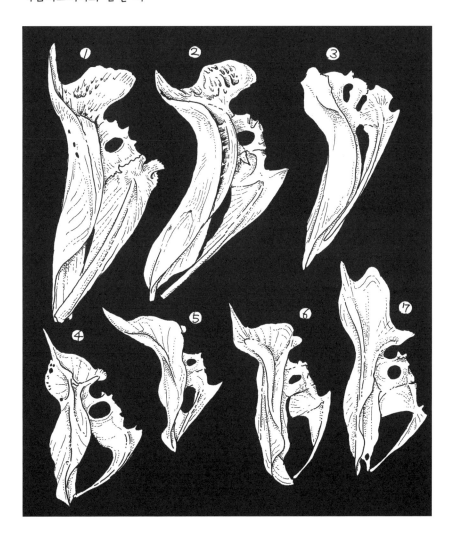

중 고등어는 연안에 사는 물고기다. 고등어는 고등엇과 중에서는 원시적인 종에 해당한다. 저자는 책에서 고등어가 오랜 진화의 과정에서 동물성 플랑크톤을 비롯해 작은 물고기, 오징어, 갑각류 등 식성을 다양하게 변화시키며 연안 영역을 터전으로 연명해 왔다고 설명하고 있다.

앞에 쓴 것처럼 연안 영역에 서식하는 물고기 종은 수도 없이 많다. 그건 먹이를 둘러싼 경쟁이 아주 치열하다는 것을 의미한다. 고등어는 그런 환경에서 살아남은 물고기다. 오키나와 연안에는 고등어의 일종인 줄무늬고등어가 서식한다.

한편 고등엇과의 물고기 중에서 먹이를 구하러 원양으로 진출하는 물고기들도 나타났다. 이 중 식성을 특별하게 변화시킨 것이 삼치의 일종이다. 삼치는 연안에서 원양에 걸친 넓은 영역을 터전으로 삼고 있다. 또 동물 플랑크톤이나 작은 물고기를 먹고 사는 고등어의 식성을 계속 유지하면서 수영 실력을 높인 것이 가다랑어이다. 그리고 가다랑어 중에서 몸을 더욱 크고 강하게 바꾸어 훌륭한 수영 실력과 함께 식성을 다양하게 변화시킨 것이 다랑어이다.

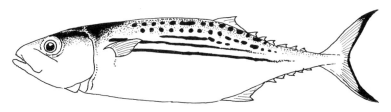

고등엇과 줄무늬고등어

본격적으로 원양으로 진출한 다랑어는 고등엇과 물고기들의 진화에서는 정점을 찍었다고 할 수 있다. 다랑어 중에서도 참다랑어는 세계에서 가장 빠르게 헤엄치는 동물로, 순간 시속 60~100킬로미터까지 낼 수 있다. 그렇다면 왜 '가장 빠른' 다랑어를 '불쌍한 존재'라고 한 것일까.

원양은 먹이를 구하기가 어려워 살아가기에 매우 험한 곳이다. 그러므로 다랑어는 빠르게 헤엄쳐 돌아다니며 먹이를 찾는다. 빠르게 헤엄칠 수 있는 원리는 다양하다. 몸통은 완전한 방추형으로, 헤이에 르달도 넋을 잃고 바라보았다. 또 물의 저항을 줄이기 위해 가슴지느러미를 집어넣는 장치도 갖추고 있다.

체온을 높게 유지할 수 있고, 빨간 근육이 매우 발달하여 오랫동안 지치지 않고 헤엄칠 수 있다. 운동량이 많다는 것은 산소를 많이 필요로 한다는 뜻이다. 다랑어는 평생 동안 멈추지 않고 계속 헤엄을 쳐야 한다. 먹이를 찾기 위해서 넓은 바다를 빠른 속도로 헤엄쳐야 하고, 그러기 위해서 먹이를 많이 먹어야 하고, 다시 먹이를 찾기 위해 빠르게 헤엄쳐야 한다. 즉 끊임없이 자전거 페달을 밟아야 바퀴가

다랑어의 일종인 황다랑어의 새끼   ↳30mm

굴러가는 것처럼 계속 움직여야 살아남을 수 있는 방식이다.

그래서 나카무라 이즈미는 다랑어를 측은하게 여긴 것이다.

그렇다면 다랑어는 왜 그렇게 살기 힘든 원양으로 나간 것일까. 먹이를 찾아서 원양으로 간 것일까, 아니면 먹고 살기 수월한 연안에서 쫓겨난 것일까. 나카무라 이즈미는 어느 쪽인지 명확하게 밝히지는 않았다. 그 이유가 무엇이든 다랑어가 원양으로 나간 데에는 전제 조건이 있었던 것만은 확실하다. 다랑어가 잡아먹고 사는 물고기가 이미 원양으로 나갔기 때문이라는 것이다.

해양 생물학자인 니시무라 사부로가 펴낸《지구의 바다와 생명》에는 다음과 같은 구절이 있다.

현재 전 세계 원양 표층에서 우세한 어종은 두 부류가 있다. 하나는 꽁치와 날치이다. 또 하나는 다랑어와 돛새치이다.

이 책에는 다랑어와 돛새치에 비해 꽁치와 날치가 원양 표층에서 훨씬 번성한 종이라는 것은 의외로 알려져 있지 않다고 쓰여 있다. 확실히 날치는 그렇다 쳐도 꽁치를 그런 식으로 본 적은 없는 것 같다.

등푸른생선인 꽁치와 날치가 다랑어나 돛새치보다 먼저 원양으로 진출했고, 다랑어는 꽁치와 날치를 뒤쫓아서 원양으로 진출한 셈이다.

이런 원조 원양 표층어들은 우리 식탁에 자주 오른다.

꽁치의 이빨

"아, 학꽁치다. 이거 사고 싶었는데."

집 근처 생선 가게에서 물고기를 둘러보다가 마음에 딱 드는 물고기를 만났다. 이날은 스기모토가 집에 놀러 왔다. 저녁 반찬은 학꽁치로 결정했다. 학꽁칫과 물고기들은 아래턱이 가늘고 긴 검 모양으로 튀어나온 것이 특징이다.

그때까지 시장에서 학꽁칫과 물고기들을 여러 번 보았지만, 검 모양의 아래턱이 붙어 있는 것은 한 번도 보지 못했다. 위험하고 걸리적거리기 때문에 팔기 전에 잘라 버리기 때문이다. 그런데 이날 발견한 것은 아래턱이 그대로 붙어 있었다.

"그대로 싸 주세요."

가게 주인아주머니에게 그렇게 부탁했다.

집에 돌아오자마자 도감을 펼쳐서 이름을 확인했다. 검무늬학꽁치라는 종이었다.

"검무늬학꽁치는 오키나와에서는 흔한 종이에요. 하지만 오키나와로 이사 와서 처음에 검무늬학꽁치 회를 먹었을 때는 이게 학꽁치인줄 몰랐어요."

스기모토가 말했다. 학꽁칫과 물고기들은 모두 가늘고 길지만 검무늬학꽁치는 몸의 높이가 높기 때문이다.

"맙소사!"

물고기를 쌌던 신문지를 펼치자마자 나는 아차 싶었다. 생선 가게 아주머니가 내가 못 본 사이에 식칼로 아래턱을 완전히 잘라 낸 것이다. 친절한 마음에 한 행동이 분명하지만, 이럴 수가!

학꽁치의 비늘을 벗겨 내고 토막을 쳐서 회를 떴다.

"전 그럼 머리에서 살을 바를게요."

늘 그렇듯이 스기모토는 잘라 낸 검무늬학꽁치의 머리를 손에 들고 커터칼로 살을 떼어 내기 시작했다.

"눈동자가 파랗네요."

스기모토의 말에 고개를 돌려 보니 눈동자를 둘러싸고 있는 가느다란 고리 모양의 뼈가 보였다. 눈이 휘둥그레질 정도로 선명한 파란색이라서 깜짝 놀랐다. 학꽁치는 동갈치목의 물고기다. 동갈치목의 물고기들은 뼈가 파랗다고 들은 적이 있다. 그리고 동갈치목의 하나인 학꽁칫과 물고기들은 부분적으로 뼈가 매우 파랗다.

학꽁치의 몸을 살펴보던 나도 무언가를 발견했다. 학꽁치는 도미와 같은 농어목의 물고기에 비하면 항문이 몸의 훨씬 뒤에 붙어 있다. 배지느러미도 농어목의 물고기에 비하면 훨씬 뒤쪽에 붙어 있다. 이는 원시적인 물고기들이 가진 특징이다.

배 속에는 소화 기관이 쭉 이어져 있었다. 소화 기관을 펼치자 그 안에 으깬 것 같은 초록색 물질이 들어 있다. 내장을 제거하고 나서 또 한 번 깜짝 놀랐다. 얇은 껍질 한 장을 사이에 두고 거품 덩어리가 기다랗게 뭉쳐 있었기 때문이다. 거품의 크기는 제각각이었는데, 길이가 19센티미터나 된다.

"이거 부레인가?"

"특이하네요. 어, 꽤 단단해요."

스기모토는 그렇게 말하고 손가락으로 거품 덩어리를 뭉쳐 보았다. 검무늬학꽁치는 아주 이상한 물고기라는 생각이 들었다.

회를 떠서 밥과 함께 먹었다. 다 먹고 나서 잠시 쉬었다가 스기모토는 다시 검무늬학꽁치의 머리와 씨름하기 시작했다.

"스기모토식 뼈 바르기는 살을 어떻게 발라내는지가 중요해요."

스기모토는 매니큐어를 칠한 손톱으로 뼈에서 살을 긁어 냈다. 어떤 부분은 커터칼보다도 사람의 손톱이 살을 긁어 내기 더 쉽다.

"징그럽다고 하지 마세요. 살을 다 떼어 내지 않아도 파이프 세정제에 담그면 쉽게 녹아요. 칼날로 칼집을 넣기만 해도 효과가 좋아요."

스기모토식은 어디까지나 끓는 물을 붓지 않고 날것 그대로 살을 꼼꼼하게 떼어 낸다.

물고기 머리 뒤쪽 아가미 사이로 손가락을 쑤셔 넣었던 스기모토가 말했다.

"어? 이런 곳에 딱딱한 게 만져져요. 뭘까요?"

"목니 아닐까?"

"학꽁치도 목니가 있어요?"

나도 고개를 갸웃했다.

목니라는 것은 목 안쪽의 아가미에 있는 이빨이다. 잉어와 비늘돔에 목니가 있다는 것은 이미 알고 있었다. 하지만 학꽁치에 목니가

검무늬학꽁치

아래턱은 잘려 있다.

배지느러미는
몸의 뒤쪽에 붙어 있다.

꼬리지느러미의
아래쪽이 길다.

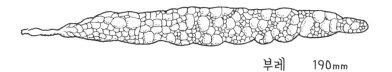

부레　　190mm

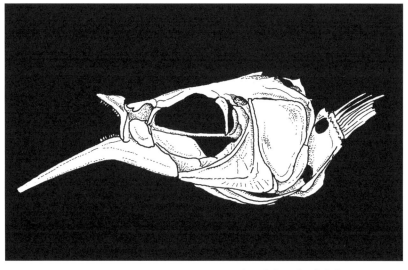

검무늬학꽁치 머리뼈　　120mm

있을 줄이야.

손가락으로 건드리자 딱딱한 것이 맞물리는 듯 달그락달그락 소리가 났다.

"목니 같아."

"역시 뭐든 직접 접해 봐야 해요."

스기모토 말이 맞다.

"목니도 파란색이네요."

살을 조금 더 긁어 내자 목니가 모습을 드러냈다. 뇌머리뼈의 뒤쪽도 눈동자를 둘러싸고 있던 뼈와 마찬가지로 깨끗한 파란색을 띠고 있었다. 학꽁치는 숨겨진 부분에 멋을 내는 물고기인 것 같다. 학꽁치 뼈가 주는 재미에 흠뻑 빠졌다. 그때 스기모토가 뜻밖의 말을 했다.

"학꽁치와 꽁치는 연관성이 깊잖아요. 그럼 꽁치 뼈는 어떨까요?"

"꽁치? 꽁치는 전혀 신경 써 본 적 없는데."

꽁치는 자주 먹는다. 하지만 꽁치 구이를 먹고 나온 뼈는 그대로 쓰레기통에 버리곤 했다. 스기모토가 말한 것처럼 꽁치도 동갈치목의 물고기이다. 그렇다면 꽁치 뼈도 파랄까? 꽁치에도 목니가 있을까? 도무지 감을 잡을 수가 없었다.

며칠 뒤 나는 마트로 달려갔다. 꽁치는 춥고 차가운 바다에 사는 물고기지만, 오늘날에는 유통이 발달해 오키나와 마트에서도 꽁치를 쉽게 살 수 있다. 꽁치 철은 가을이지만 냉동 꽁치는 물론 사시사철 손에 넣을 수 있다.

바로 꽁치 머리를 잘라 내고 손가락을 집어넣었다. 어렴풋이 달그락달그락 소리가 난다. 아무래도 목니가 있는 것 같다. 꺼낸 목니는 검무늬학꽁치의 목니와 비슷하게 생겼다.

위아래로 판처럼 생긴 것이 한 쌍 있는데, 이것을 인두뼈라고 한다. 아래쪽의 인두뼈는 한쪽 끝이 뾰족하고 거의 삼각형이다. 위쪽의 인두뼈는 한쪽이 두 갈래로 갈라져 있다. 꽁치의 인두뼈 크기는 1.3센티미터 정도다. 그리고 그 위에 작은 이빨이 빽빽하게 나 있다. 즉 강판 두 장을 목 안에 붙여 놓은 느낌이다.

책을 찾아보니 이런 인두뼈를 가지는 것이 동갈치목의 특징이라고 해서 다시 한 번 깜짝 놀랐다.

나머지 머리뼈를 파이프 세정제에 담가 뼈만 발라냈다. 워낙 작아서 눈 깜짝할 사이에 껍질과 살이 녹고 하나하나 분리되었다.

그렇게 발라낸 꽁치 머리뼈는 청록색을 띠고 있었다. 뼈의 색깔도 학꽁치와 공통점이 확실하게 보였다.

그건 그렇고 꽁치도 이빨이 있다니, 몰랐던 사실이다.

이렇게 되자 멈출 수가 없었다. 동갈치목을 대표하는 동갈치의 뼈를 보지 않을 수 없었다. 이번에는 어업 협동조합 시장에서 동갈치를 사 왔다.

동갈치는 학꽁치나 꽁치처럼 몸이 가늘고 길다. 학꽁치와 달리 위아래 턱 모두 검 모양으로 뻗어 있다. 내가 시장에서 본 동갈치는 아래턱 끝에 노처럼 생긴 평평한 돌기가 튀어나와 있는 항알치다.

항알치는 전체가 50센티미터를 넘는 크기지만 가격은 매우 싸다. 인기가 별로 없다는 얘기다. 이날은 아침부터 항알치를 해체하여 살짝 볶아서 먹고 바쁘게 하루를 시작했다. 항알치를 해체해 보니 역시

날치와 동갈치

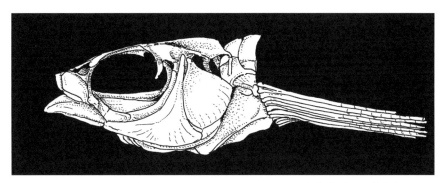

날치의 일종 머리뼈 60mm

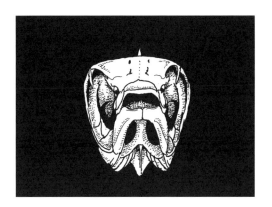

날치의 머리뼈 정면
등쪽이 평평하다.

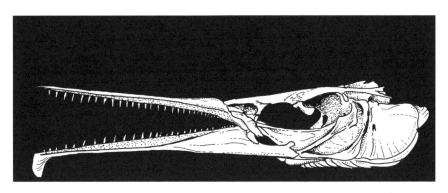

항알치 205mm

강판처럼 생긴 목니가 있었다. 색깔은 청록색이다. 머리뼈는 선명한 초록색을 띤다.

"이거 색칠한 거야?"

우리 집에 온 친구들이 선반 위에 놓아 둔 항알치의 머리뼈를 볼 때마다 이렇게 묻는다. 동갈치가 인기가 없는 것은 뼈의 색깔이 소름 끼치기 때문일지도 모른다. 이 색은 담즙에 포함된 빌리베르딘이라는 색소 때문이다. 물론 먹어도 해롭진 않다.

또 하나 동갈치목에서 빼놓을 수 없는 물고기가 있다. 그것은 바로 날치다. 동갈치에 이어서 날치를 시장에서 구입해 골격 표본을 만들었다. 날치도 강판 모양의 목니가 있었다. 날치는 부레가 학꽁치와 같은 거품이 아니라, 아주 얇은 껍질로 칸칸이 나뉘어 있었다.

날치는 《콘티키호 탐험기》에 가장 많이 등장하는 물고기다. 바다 위를 항해하는 콘티키호에는 날치가 자주 날아들었다.

우리는 맛있는 요리 재료가 하늘에서 비처럼 내리는 마법의 세
계에 와 있다.

헤이에르달은 그렇게 써 두었다. 특히 밤에 뗏목 선실의 램프를 향해 날치가 날아드는 일이 많았다. 어느 날 아침에는 헤이에르달 눈을 뜨자 뗏목 위에 날치가 26마리나 굴러다니고 있었다.

그리고 요리 당번이 들고 있는 프라이팬으로 날치가 날아든 적도 있었다. 날치는 콘티키호의 식탁을 풍성하게 만들어 주는 동시에 다른 물고기를 낚을 때 미끼로도 쓸모가 있었다.

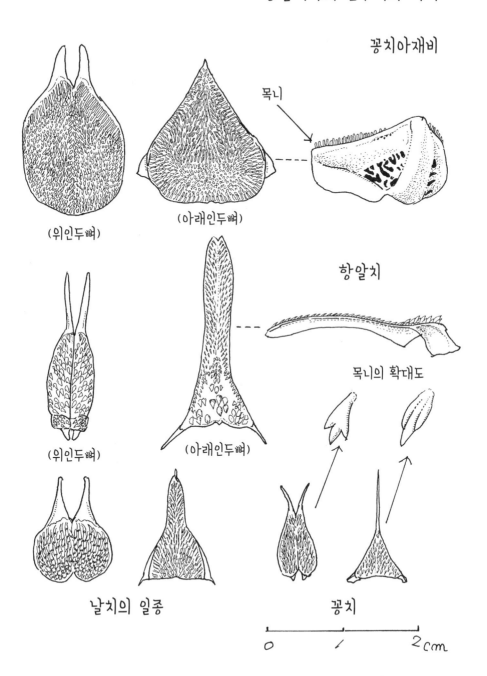

동갈치목의 인두뼈와 목니

꽁치아재비

목니

(위인두뼈)   (아래인두뼈)

항알치

목니의 확대도

(위인두뼈)   (아래인두뼈)

날치의 일종   꽁치

0   1   2cm

만일 저녁에 생선이 먹고 싶다면 20분 전에 미리 취사 당번에게 말하면 된다. 그러면 취사 당번은 대나무 막대기에 줄을 묶고 낚싯바늘에 날치 반 토막을 매달아 바닷물에 담가 두었다. 그러면 금세 만새기가 나타나 물을 가르면서 날치 토막을 뒤쫓고, 그 뒤를 따라 두세 마리가 더 헤엄쳐 왔다.

날치는 만새기가 가장 좋아하는 물고기다.

날치는 하늘로 뛰어오르는 물고기다. 그런 날치는 어떻게 진화해 왔을까?

나카무라 이즈미는 《구로시오 지역의 표층성 어류》에서 동갈치목 물고기들의 진화에 대해 설명하고 있다. 동갈치목 물고기 중에서 조상의 모습을 그대로 간직하고 있는 것이 동갈치와 학꽁치다.

동갈치와 학꽁치는 연안 바다의 표층에서 주로 생활한다. 표층에서 살아가는 물고기의 몸은 몇 가지 특징이 있다. 하나는 등 윗면이 납작하다는 점이다. 등 부분이 수면과 접촉하는 일이 많아서 이렇게 생긴 것이 생존에 유리하기 때문이다.

또 하나는 몸 옆에 뻗어 있는 옆선이라고 불리는 감각 기관이 몸 아래쪽에 위치하고 있다는 점이다. 이러면 밑에서 적이 공격해 올 경우 민감하게 반응할 수 있다.

동갈치나 학꽁치와 같은 연안성 물고기들이 원양으로 진출한 것이 꽁치나 날치다. 꽁치나 날치를 따라서 큰꼬치고기나 만새기가 원양 영역으로 진출했고, 마지막으로 돛새치나 다랑어, 그리고 원양성 상어들이 진출하게 된 것 같다고 나카무라는 추정하고 있다.

학꽁치나 동갈치도 놀라면 수면에서 뛰어오르는 습성이 있다. 오키나와에서는 밤낚시를 할 때 무엇보다 동갈치를 두려워한다. 동갈치는 날치처럼 불을 향해 날아드는 습성이 있기 때문이다. 바다 위에 전등을 켜 놓은 사람들을 향해 물속에서 뛰어오르는 일도 있다.

이때 검처럼 생긴 입에 찔리면 운이 나쁜 경우 죽음에 이르기도 한다. 내가 아는 한 어부는 작은 동갈치의 입에 볼을 찔렸는데, 다행히 이빨에 걸려 멈췄다는 이야기를 들려주었다.

물 위로 뛰어오르는 습성이 더욱 발달해 거기에 맞게 가슴지느러미가 날개 모양으로 변화하면서 지금의 날치가 생겼다.

날치는 100~400미터나 날아오른다. 활공을 하기 때문에 속도를 잃으면 해수면으로 떨어진다. 그러나 물속에서 만새기에게 쫓길 때는 꼬리지느러미로 수면을 두드려 도움닫기를 해서 다시 물 위로 뛰어올라 비행을 계속할 수 있다. 그래서 날치의 꼬리지느러미는 두 갈래로 갈라졌고, 갈라진 꼬리지느러미의 위쪽보다도 아래쪽이 더 발달되어 있다.

만새기가 날치를 쫓는 모습을 본 헤이에르달은 '어뢰처럼 돌진할 때 이마는 언제나 수면을 가르며 나아간다.'고 적었다. 만새기의 머리는 좌우로 평평한데 이런 식으로 물을 가르는 역할을 한다.

날치가 이렇게 공중으로 날아오르는 능력을 키웠다면, 포식자들도 마찬가지로 먹이를 잡기 위해 몸을 변형시켜 왔다. 나카무라 이즈미는 다랑어를 '불쌍한 존재'라고 쓰고 있지만, 살아남기 위해 필사적인 것은 날치도 만새기도 마찬가지다. 《지구의 바다와 생명》에 보면 꽁치에 관해서도 재미있는 이야기가 나온다.

강력한 포식자가 원양으로 진출하면서 날치는 공중으로 날아올랐다. 꽁치는 포식자가 싫어하는 한랭한 바다의 표층으로 삶의 터전을 옮겼다.

당연한 것처럼 식탁에 오르는 물고기들에게도 저마다 지금을 살아가는 방법과 그에 따른 역사가 반드시 있다. 동갈치목의 물고기들을 쫓다 보니 그런 사실을 깨닫기 시작했다.

동갈치목 중에서 마음에 걸리는 물고기가 남아 있었다. 그건 바로 송사리다. 처음에 송사리가 동갈치목이라는 것을 알게 되었을 때 믿기지 않았다. 동갈치와 전혀 다르게 생겼기 때문이다. 실제로 최근까지 송사리는 구피나 모기송사리와 함께 송사리목이었다가, 지금은 송사리만 동갈치목에 편입되고 송사리목은 모기송사리목으로 개명되었다.

"어? 그랬나요?"

스기모토도 이 사실을 모르고 있었다. 그런데 자세히 살펴보면 송사리는 표층 물고기다. 바다와 강이라는 차이는 있지만 수면 가까이를 헤엄치는 송사리는 동갈치목의 특징을 갖고 있다.

"송사리가 동갈치목이라면 역시 목니가 있을까?"

"그렇겠죠."

"하지만 그렇게 작은 물고기에서 목니를 어떻게 꺼내겠어."

그러자 스기모토는 자신은 할 수 있을 거라고 장담했다.

검무늬학꽁치를 계기로 우리 둘 다 다른 물고기들의 목니에도 관심을 갖기 시작했다. 그러자 지금까지 의식하지 못했던 여러 물고기에서 차례차례 목니를 찾아낼 수 있었다.

전갱이도 참바리도 빨판상어도 목니가 있다. 물고기 뼈 바르기를 막 시작했을 때만 해도 아가미를 그냥 떼어 내서 버렸다. 이렇게 하면 목니를 절대 볼 수 없다. 목니는 아가미에 붙어 있기 때문이다. 스기모토식 뼈 바르기는 아가미도 그대로 두고 파이프 세정제에 담근다.

그렇게 하면서 여러 물고기들에 목니가 있다는 것을 깨닫기 시작했다. 주변에서 늘 보던 물고기에 목니가 있는 걸 알게 되면서 결국 책을 찾아보았다.

경골어류의 대부분은 인두뼈에 이빨이 있다.

《어류학 상권》에 버젓이 쓰여 있는 내용이다. 관심을 갖기 전에는 그 한 문장이 눈에 들어오지도 않았다. 그렇다면 목니가 없는 물고기

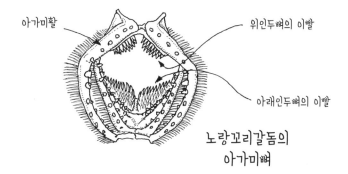

아가미활

위인두뼈의 이빨

아래인두뼈의 이빨

노랑꼬리갈돔의
아가미뼈

는 어떤 것들이 있을까? 이것도 역시 책에 나와 있다.

> 정어리나 전어는 목니가 퇴화하여 볼 수 없지만, '인두주머니'라
> 고 하는 주머니 상태의 기관이 있다.

정어리도 조상 물고기는 목니가 있었던 것이다. 그리고 목니가 없
다는 점으로 볼 때 정어리는 이례적인 경우라고 볼 수 있다.

경골어류는 기본적으로 아가미가 일곱 쌍 있다. 그중 가장 첫째 줄
의 아가미 한 쌍이 위턱과 아래턱으로 변화했다. 둘째 줄의 아가미
한 쌍은 혀를 지탱하는 뼈로 바뀌었다. 그리고 나머지 아가미 중 뒤
쪽 끝에 있는 6, 7번째 아가미의 위쪽 반이 합쳐져서 위인두뼈가, 7
번째 아가미 아래쪽 반이 아래인두뼈가 되었다고 한다.

> 개복치의 목니는 바늘 모양으로 발달했다.

이렇게 호기심을 불러일으키는 설명도 있다. 이 구절을 읽으니 개
복치의 목 안을 들여다보고 싶어졌다.

그런데 얼마 지나지 않아 스기모토가 우리 집에 놀러 와 작은 플라
스틱 통을 나에게 건넸다.

"송사리의 목니를 꺼냈어요."

"어?"

들여다보니 도화지에 작은 뼈를 붙여 통 안에 넣어 두었다. 송사리
의 머리뼈, 위아래의 인두뼈였다. 물고기 속 물고기 뼈까지 붙여 두

었다. 그리고 그 옆에 붙어 있는 깨알보다도 작은 것은, 세상에나, 귓속돌이었다! 나는 놀라움에 입을 다물지 못했다.

"실체 현미경으로 들여다보면서 발랐어요. 이래 봬도 저, 곤충의 생식 기관을 연구한 사람이에요. 거기에 비하면 이건 큰 거죠."

그랬다. 스기모토가 열혈 곤충 마니아라는 걸 잊고 있었다. 곤충을 해부하는 것에 비하면 송사리 해부는 아무것도 아니었을 것이다.

인두뼈의 크기는 약 2밀리미터였고, 꽁치나 학꽁치의 인두뼈와 비슷하게 생겼다. 역시 송사리는 동갈치목이 확실했다.

"역시 뭐든 직접 접해 봐야 해요."

스기모토가 전에 했던 말이 다시 떠올랐다.

그렇다. 비록 살아 있는 모습은 아니지만 동물의 뼈는 자신의 이야기를 분명하게 말하고 있다. 뼈야말로 우리가 다 읽어 낼 수 없는 무한한 책이다.

이렇게 해서 나는 《콘티키호 탐험기》에 등장하는 표층어들을 쭉 한 번 훑어보았다. 그러나 여행은 아직 끝나지 않았다.

밤이 되면 콘티키호에는 깊은 바다에서 물고기들이 찾아왔다.

이제부터는 심해의 물고기들을 따라가 보기로 했다.

그렇게 식탁에서 깊은 바다를 들여다보는 여행이 시작되었다.

송사리

송사리의 머리뼈

인두뼈가 보이도록 아가미뚜껑을 떼어 냈다. 6mm

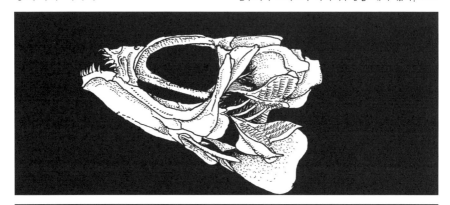

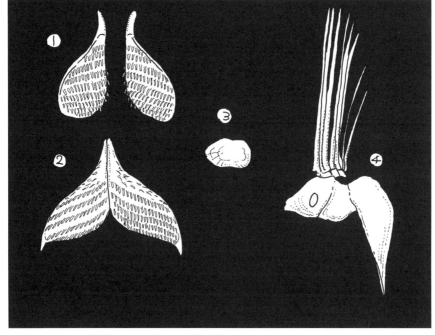

① 위인두뼈   ② 아래인두뼈   ③ 귓속돌   ④ 물고기 속 물고기

3

남쪽 섬의 심해어

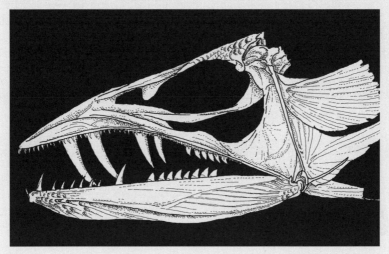

돗란도어 165mm

심해어와 표층어

"구니마사 씨가 전화했는데, 오늘쯤 다랑어랑 뭐라더라…… 아무
튼 무슨 물고기가 도착할 거래."

수업이 끝나고 교무실로 들어가자 호시노가 말해 주었다.

"와! 신난다!"

순간 기분이 좋아져서 소리를 질렀다.

전에 기타다이토섬에서 사 온 물고기의 이름이 정말로 뭐였을까,
계속 마음에 걸렸다. 긴갈치꼬치라고 듣긴 했지만, 아무래도 다른 물
고기일 것 같다는 생각이 얼마 지나서 들기 시작했다.

《콘티키호 탐험기》에는 긴갈치꼬치를 두 손으로 들어 올린 사진이 실려 있다. 그 사진에서는 물고기의 몸이 굉장히 가늘고 길었다. 그런데 내가 기타다이토섬 공항 매점에서 사 온 물고기는 그 정도로 가늘고 길지는 않았다.

물론 토막을 쳐서 서덜로 팔고 있어서 전체 모습은 알 수가 없었다. 그래도 긴갈치꼬치라고 보기에는 어쩐지 이상하다는 느낌을 지울 수 없었다.

이번에는 도감을 펼쳐 보았다. 긴갈치꼬치는 농어목 갈치꼬칫과의 물고기다. 갈치꼬칫과에는 긴갈치꼬치 말고도 여러 종류의 물고기가 있다.

그중에서 외줄갈치꼬치가 그 생선에 더 잘 들어맞는다는 느낌이 들었다. 몸은 긴갈치꼬치보다 굵고 짧다. 그리고 머리의 생김새도 내가 먹은 물고기와 더 비슷하게 생겼기 때문에, 가능하면 몸 전체 모습을 확인하고 싶었다.

다이토 제도 사람들은 흔하게 먹는 생선 같은데 오키나와의 시장

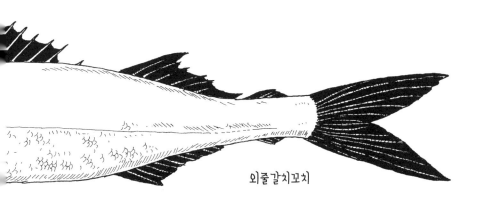

외줄갈치꼬치

에서는 본 일이 없다. 도감에 따르면 외줄갈치꼬치는 보통 대륙붕에서 대륙붕 사면 사이에 서식한다고 한다. 수심 200미터 부근에 살고 있는 물고기다. 다이토 제도가 어떻게 만들어졌는지는 앞에서 이야기했다. 그리고 해저 화산으로 생겼다는 이 섬들의 주변에는 깊이 2,000미터를 넘는 바다가 펼쳐져 있다.

오키나와섬의 시장과 바닷가에서 콘티키호 탐험대원들이 만난 물고기들을 뒤쫓았던 것은 내가 오키나와섬에 살고 있기 때문에 가능한 것이다. 그러나 지리적으로 보면 다이토 제도야말로 원양에 떠다니는 뗏목이라고 할 수 있다. 섬 근처 바다에서 다랑어가 잡히고, 조금 더 먼바다로 나가면 심해가 펼쳐진다. 구니마사 씨가 그런 미나미다이토섬에 있는 기상대로 지난 4월에 전근을 가게 되었다.

"외줄갈치꼬치를 통째로 한 마리 구할 수 있으면 보내 주세요."

구니마사 씨가 떠나기 전에 그런 부탁을 했는데, 잊지 않고 약속을 지켜 준 것이다.

방과 후에 정말로 물고기가 학교로 도착했다. 포장을 뜯자 내장이 제거된 온전한 모습의 물고기 두 마리가 비닐봉지에 담겨 있었다. 그리고 덩치가 작은 다랑어의 몸통 절반이 덤으로 들어 있었다.

"받았어? 생선 가게에 맡겨서 토막을 내지 않을까 걱정했는데."

구니마사 씨는 일부러 전화를 걸어 확인했다. 난 물고기를 가지고 집으로 돌아왔다. 우연이었지만 마침 그날 스기모토도 놀러 오기로 약속이 되어 있었다.

"외줄갈치꼬치네요."

내가 궁금해했던 물고기의 정체는 외줄갈치꼬치가 맞았다. 이제

속이 시원해졌다.

다랑어는 회로 먹기로 했다. 외줄갈치꼬치도 회를 떠서 요리했다. 스기모토와의 생선 파티가 이로써 벌써 몇 번째인지.

외줄갈치꼬치의 회를 뜨는 것은 매우 번거로웠다. 어떻게든 반 정도는 껍질을 벗겼는데 거기서 중단해야 했다. 껍질 바로 밑에 칼날을 막기라도 하는 것처럼 작은 뼈가 빼곡했기 때문이다. 어떻게 해서든 껍질을 벗기려고 힘을 주니 살이 부스러져 버렸다. 다이토 사람들은 어떻게 요리를 해 먹는 걸까? 어떻게든 회를 조금 뜨고 나서 껍질째 잘라서 살짝 볶았다. 외줄갈치꼬치는 살이 하얗다. 회는 맛이 담백했다. 함께 먹은 다랑어가 너무 맛있었기 때문인지, 육질이 부드럽긴 했으나 감탄할 정도의 맛은 아니었다. 살짝 볶았더니 살이 조금 단단해져서 그럭저럭 괜찮았다.

"다랑어는 잔뼈도 없고 살집이 굉장히 많네요."

작은 다랑어 몸통 절반만으로도 다 먹을 수 없을 만큼 양이 많았다. 뼈에 살이 정말 많이 붙어 있었다. 다랑어는 역시 특별한 물고기라는 생각이 저절로 들었다.

"이렇게 양도 많고 맛있으니까 사람들이 그렇게 많이 잡는 거겠지. 안됐어."

나카무라 이즈미와는 다른 시각에서 본 것이긴 해도 문득 그런 생각이 들었다.

다이토 제도에서 많이 먹는 생선은 긴갈치꼬치가 아니라 외줄갈치꼬치였다. 그리고 헤이에르달이 '세상에서 가장 희귀한 물고기'라고 했던 것은 긴갈치꼬치였다. 그런데 긴갈치꼬치는 일본 앞바다에서 그물로 잡을 수 있다. 헤이에르달이 말한 것처럼 희귀한 물고기는 아니지만, 오히려 이런 물고기를 먹는 일본의 음식 문화가 독특하다고 생각해야 할지 모른다.

지금까지 오키나와를 예로 들었지만 생각해 보면 일본 전체가 섬나라다. 이 독특한 음식 문화는 그런 특성 때문이 아닐까?

긴갈치꼬치도, 외줄갈치꼬치도 특이하게 생겼다는 데는 동의한다. 단지 표층어들의 진화의 역사를 따라가다가, 서로 다른 두 개의 물고기가 표층어와 무관하지 않다는 것을 알고 놀랐을 뿐이다.

앞에서도 여러 번 언급했던 나카무라 이즈미의 《동물들의 지구》에는 고등엇과 물고기들이 어떻게 진화해 왔는지 그 과정을 소개하고 있다.

먼저 연안성의 농어목 물고기가 조상이었다. 거기에서 옛긴지느러미갈치 같은 물고기가 되었다가, 심해 중층에서 잠복형 포식을 하는 갈치꼬칫과의 물고기가 생겨났다. 그리고 갈치꼬칫과의 물고기에서 해저에서 잠복형 포식을 하는 갈칫과 물고기와 표층을 헤엄쳐 돌아다니는 고등엇과 물고기 두 갈래로 분화되었다.

즉, 갈치꼬칫과의 물고기가 고등엇과의 물고기, 나아가 다랑어의 조상이었던 것이다. 구니마사 씨가 미나미다이토섬에서 보내 준 물고기들은 서로 관련이 깊은 한 쌍이었던 것이다.

그리고 갈치꼬칫과의 물고기들은 진화의 역사와는 별개로 또 다른 지점에서 원양 표층의 물고기들과 서로 연관이 있다. 밤이 되면 표층으로 떠오른다는 점이다. 콘티키호 탐험대원들은 그렇기 때문에 해수면으로 올라온 긴갈치꼬치를 잡을 수 있었던 것이다. 외줄갈치꼬치도 비슷한 습성이 있다. 이런 물고기들은 표층어일까, 아니면 심해어일까.

수심 200미터보다 더 깊은 바다를 심해라고 한다. 이러한 깊은 바다에는 햇빛이 거의 닿지 않아 식물 플랑크톤은 살 수 없다. 다랑어와 같은 대형 포식자도 거꾸로 타고 내려가면 식물 플랑크톤에 생존의 기반을 둔다고 할 수 있다. 그런데 심해에서는 물고기들이 식물 플랑크톤에 의존할 수 없다. 심해의 생물은 표층에서 내려오는 크고 작은 생물들의 사체나, 표층 생물이 만들어 낸 유기물을 이용해 먹이 사슬을 유지한다.

심해의 먹이 사슬은 표층에 비교하면 기반이 약하고 불안정하다. 심해어들에게 가장 절실한 문제는 높은 압력도 어두움도 아닌, 먹이 부족이다. 그러므로 심해어 중에는 일단 잡으면 어떤 사냥감도 놓치지 않고 삼킬 수 있도록 입이 마치 도깨비처럼 생긴 물고기도 있다.

스기모토가 어느 날 말라비틀어진 괴상한 물고기를 가져왔다.

"얼마 전에 친구 아야치가 얀바루의 바닷가에서 말린 물고기를 찾았다고 전화를 했어요. 그때 일이 있어서 외출을 하면서 우편함에 넣어 두라고 했는데, 집에 돌아와 우편함에 들어 있는 물고기를 보고 당황했어요."

스기모토처럼 나도 그 물고기를 보자마자 "어?"라고 외치고 순간

말문이 막혔다. 온몸을 감싼 비늘에 작은 가시가 빼곡히 자라나 까슬까슬했다. 코끝은 뾰족하고, 입은 아래에 붙어 있고, 눈은 커다랬다. 그야말로 기괴하게 생겼다.

"우아, 굉장한데! 이런 물고기가 바닷가에 떠밀려 오다니!"

참 신기했다. 대구목 민댓과의 물고기인 것은 틀림없지만, 민댓과의 물고기는 종류가 워낙 많아서 도감을 봐도 이름을 정확히 알 수가 없다. 그래서 필살기를 사용하기로 했다.

스기모토가 눈구멍으로 핀셋을 집어넣어 귓속돌을 끄집어냈다. 그리고 그것을 오에 씨에게 보냈다.

한참이 지나서 답장이 왔다. 역시나 민댓과는 종류가 많아 오에 씨도 귓속돌만으로는 정확하게 알 수 없지만, 일단 유니콘민태인 것 같다고 판별했다. 그런데 이때 오에 씨의 편지 내용이 판별 결과보다도 재미있었다.

'유니콘민태는 참 놀라운 생물이에요. 몸에 전기가 통하거든요.'

오에 씨도 물고기를 보고 놀랄 때가 있다니 의외였다.

'이 종은 수심 200미터 위에서는 서식하지 않고, 심해어가 자주 올라오는 스루가만에서도 좀처럼 볼 수가 없어요. 그런데도 이런 물고기가 밀려 올라왔다니, 자연은 우리 지식으로는 다 헤아릴 수 없다는 것을 다시금 깨우쳐 주네요.'

심해 생물 중에서도 바닷가로 올라오는 것과 올라오지 않는 것이 있다. 유니콘민태를 보면 입이 아래에 붙어 있다. 이것은 해저에서 생활할 때 먹이를 잡기 적합한 형태이다. 유니콘민태는 심해 밑바닥에서 움직이지 않고 살아가는 물고기라고 할 수 있다.

유니콘민태

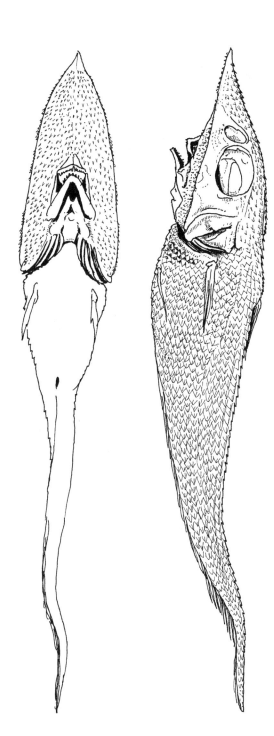

바닷가에 떠밀려 온 것
210mm

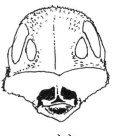

(정면)

귓속돌 11mm

반면에 심해와 표층을 오가며 살아가는 물고기들이 있다. 심해에 머물며 표층에서 먹이가 내려오는 것을 기다리는 것이 아니라, 밤이 되면 표층으로 올라와 먹이를 구하는 것이다. 그렇지만 수천 킬로미터 깊이에서 서식하는 물고기가 표층으로 단숨에 올라왔다가는 치명적이다.

어류 학자들은 바닷속을 오르내리며 살아가는 물고기들을 살펴보다가 다양한 단계로 나뉜다는 것을 알아냈다. 해수면에서 수심 100미터 사이를 오르락내리락하는 물고기, 수심 100미터에서 1,000미터 사이를 오르락내리락하는 물고기, 그리고 그 아래를 이동하며 살아가는 물고기, 이런 식이다.

이렇게 이동하는 물고기들이 서로 교차하면서, 표층에서 만들어진 자원이 사다리를 타고 내려오듯 심해까지 내려오는 것이다.

심해 생물에도 여러 종류가 있다. 일정한 수심에서만 꾸준히 생활하는 물고기, 여러 수심을 오가며 사는 물고기, 여러 수심을 오가는 물고기 중에서도 중층에서 위쪽의 표층 해수면으로 오르락내리락하는 물고기가 있다. 이 물고기는 일시적으로 표층어이고 일시적으로 심해어라고 할 수 있다(중층어라고 부르기도 한다). 상어 중에는 검목상어가, 그리고 긴갈치꼬치가 이렇듯 양면성을 지닌다.

콘티키호 탐험대원들은 긴갈치꼬치 말고도 깊은 바다에서 찾아온 여러 방문자들을 만났다.

바다가 잔잔할 때 뗏목 주변 검은 물속에서 1미터쯤 되는 둥근 머리에 크고 반짝이는 눈이 쏘아보는 일이 여러 번 있었다.

어떤 물고기인지 알 수 없는 경우도 많았다. 밤에 심해에서 표층으로 떠오르는 물고기들은 대부분 작은 물고기들이다.

나에게는 부엌이 연구소나 다름없다. 그리고 오키나와의 섬들은 원양에 떠 있는 거대한 뗏목과도 같다.

섬의 바닷가나 시장을 돌며, 물결을 타고 밀려오는 물고기들을 쫓아다녔다. 그러던 중 나도 심해에서 찾아온 방문자들을 만나게 되었다. 도나키섬을 찾아가 빨판상어를 주운 다음 날이었다. 해가 뜨기 시작하는 아침, 파도가 치는 곳에서였다.

샛비늘치의 맛

아침에 눈을 뜨니 전날과 달리 날씨가 화창했다.

"생각했던 것보다 바람이 잔잔하네. 지금이 딱 좋아."

바닷가에 떠내려온 사체를 찾기에는 바람이 조금 부는 날이 좋다.

바람이 잔잔하게 불 때 민박집에서 바닷가로 내려와 파도가 밀려오는 길을 따라서 걷기 시작했다.

"앗!"

몇 발짝 못 가서 걸음을 멈추었다. 샛비늘치가 떨어져 있었다. 몸길이는 12센티미터로, 샛비늘치치고는 크기가 크다. 아직 죽은 지 얼마 안 되는 사체로, 거무스름한 푸른 등과 은색 몸통이 대조를 이루어 아름다웠다.

샛비늘치는 샛비늘치목의 물고기로 심해어다.

오에 씨가 감정해 준 미야기섬의 귓속돌 화석은 대부분 샛비늘치의 것이었다. 샛비늘치의 비늘은 떨어지기 쉬워서, 그물에 걸리거나 떠밀려 올라왔을 때 대부분 비늘이 벗겨져 있다. 배 쪽에는 발광 기관이 점점이 붙어 있다.

발광 기관은 종마다 배열이 달라서 어떤 종인지 정확하게 판가름

하는 데 큰 단서가 된다. 바닷속에서 발광 패턴을 보고 무리를 알아보는 것 같다. 또 해수면에서 들어오는 희미한 빛 때문에 생긴 자신의 모습을 발광 기관의 빛을 이용해 지우기도 한다.

샛비늘치는 몸의 크기에 비해 눈이 크고 눈 색깔이 독특하다. 투명하면서도 깊이가 있는 눈에 빨려 들어갈 것만 같다. 어두운 심해에서 적은 양의 빛을 망막에 모을 수 있어야 하기 때문에 눈 색깔이 이렇다.

샛비늘치의 사체를 줍고 한참을 걷다가 또다시 감탄했다. 곳곳에 샛비늘치의 사체가 있었다. 파도가 밀려오는 곳을 따라 샛비늘치의 사체가 줄줄이 떠내려온 것이다. 샛비늘치가 떼로 밀려왔다고 해도 좋을 정도였다.

오키나와의 바닷가에서 샛비늘치를 만난 적은 전에도 여러 번 있었다. 그러나 한 번에 기껏해야 한 마리나 두 마리였다. 이렇게 여러 마리를 줍는 건 처음이었다. 역시 도나키섬은 오키나와섬보다 원양에 가까운 것일까. 아니면 오늘 아침은 평온하지만 어젯밤엔 바다가 거칠었기 때문일까.

샛비늘치가 대량으로 떠밀려 온 덕분에 또 한 가지 장면을 목격하게 되었다. 바로 모래밭에 서식하는 게들이 물가에 올라와 있는 샛비늘치를 옮기는 장면이었다. 내가 들떠 있는 동안 샛비늘치를 게들이 모두 옮겨 가고 있었다.

그러고 보니 전날 물고기를 주울 때에도 샛비늘치가 듬성듬성 있었다. 분명 지금보다 더 많이 있었는데 내가 줍기 전에 이미 게들이 많이 가져간 것 같았다.

전에 들기로 오에 씨도 겨울철 계절풍이 불 때 떠내려온 심해어를 찾아서 바닷가를 걷는다고 했다. 이때는 해가 뜨기 전에 바닷가를 걷는 게 비결이라고 했다. 라이벌인 까마귀가 물고기를 잡기 전에 손에 넣어야 하기 때문이다.

오에 씨가 말한 까마귀가 지금 이곳에선 게라고 볼 수 있다.

아침을 먹기 전에 파도가 밀려오는 때에 맞춰 바닷가를 한 바퀴 돌았는데 샛비늘치를 40마리나 주웠다. 이렇게 줍고 나니 게들에게 미안해졌다. 그렇지만 다음 날부터는 또 게들이 실컷 주울 수 있을 테니까.

민박집에서 얼음을 얻어 샛비늘치를 소중하게 나하까지 가지고 돌아왔다. 크고 신선한 샛비늘치 몇 마리를 점심때 먹어 보았다. 물고기 자체의 맛을 느끼기 위해서 되도록 조미를 하지 않고, 기름에 구워 소금과 후추만 살짝 뿌렸다. 처음 먹은 샛비늘치는 크기는 이렇다 할 것 없지만 맛은 제법 좋았다.

한숨 돌리고 나자 샛비늘치를 찬찬히 살펴볼 여유가 생겼다. 바닷가에서 주울 때부터 여러 종이 섞여 있다고는 생각했다. 비늘이 붙어 있는 것도 있고 비늘이 전혀 없는 것도 있었다. 그런데 꼼꼼히 살펴보니 웬걸, 샛비늘치가 자그마치 다섯 종이나 섞여 있다는 사실을 알고 깜짝 놀랐다.

전날에는 얼비늘치를 주웠는데, 얼비늘치는 예전에 오에 씨가 이름을 알려 준 적 있어서 곧바로 알 수 있었다. 그러나 다른 샛비늘치는 이름을 찾기가 아주 어려웠다. 샛비늘치도 민태처럼 종이 많은 데다가 생김새가 죄다 비슷비슷하게 생겼기 때문이다.

결국 샛비늘치도 오에 씨에게 감정해 달라고 부탁을 했다. 한참 지나서 오에 씨에게서 답장이 왔다.

도나키섬에서 주워 온 샛비늘치는 다음과 같았다.

가시샛비늘치— 28마리

마가리샛비늘치— 8마리

얼비늘치— 3마리

워밍샛비늘치— 1마리

도토리샛비늘치— 3마리

긴코샛비늘치— 1마리

이름을 알아야 다음 단계로 넘어갈 수 있다.

예전에 오에 씨가 샛비늘치의 생태에 관한 자료도 보내 주었는데, 거기에는 깊이에 따라 서식하는 샛비늘치 50종이 표로 정리되어 있었다. 게다가 낮 동안 서식하는 영역과 밤에 서식하는 영역이 실려 있었다.

내가 주워 온 샛비늘치 중에 이 목록에 이름이 실려 있던 것은 네 종류이다. 그것을 살펴보면 다음과 같다.

가시샛비늘치는 낮에는 수심 600미터 부근에 있다가 밤에는 해수면까지 올라온다. 마가리샛비늘치는 낮에는 수심 600미터 아래에 있다가 밤이 되면 역시 해수면으로 올라온다. 얼비늘치는 낮에는 수심 200~400미터 부근에 있다가 밤에는 해수면 근처까지 올라온다. 도토리샛비늘치는 낮에는 수심 600미터 아래에 있다가 밤에는 수심 10

샛비늘치

도나키섬 바닷가에 떠밀려 온 것

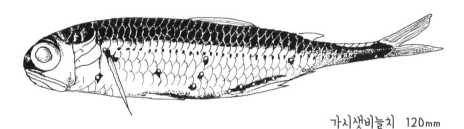

가시샛비늘치 120㎜

마가리샛비늘치 82㎜

얼비늘치 80㎜

워밍샛비늘치 72㎜

도토리샛비늘치 47㎜

긴코샛비늘치 35㎜

미터 부근까지 올라온다.

대략 이렇다.

인간이 물에 들어가는 것은 기껏해야 수심 100미터 부근이 한계다. 생각해 보면 수심 600미터 깊이에서 매일 밤 해수면으로 올라온다니, 대단히 강인한 생물이라는 생각이 든다.

오에 씨가 보내 준 샛비늘치에 관한 자료를 좀 더 살펴보았다. 샛비늘칫과의 물고기들은 자라면서 부레에 지방을 축적한다고 한다. 부레 속의 가스는 수압에 쉽게 영향을 받는다. 따라서 가스를 지방으로 바꿔 사용함으로써 수압의 변화에 견딜 수 있는 몸을 만드는 것이다.

샛비늘칫과 물고기들은 부레뿐 아니라 몸 안에 지방을 고비율로 비축하고 있다. 그것은 부력을 얻기 위해서 에너지 사용을 줄이는 에너지 절약 장치이다.

'그래서 샛비늘치 소금구이는 맛있어요.'

오에 씨가 편지에 그런 말을 써서 웃음이 나왔다.

그런데 그 뒤에 호기심을 자극하는 내용이 적혀 있었다.

'샛비늘치의 지방은 왁스에스터예요. 왁스는 소화되지 않으므로 샛비늘치를 너무 많이 먹으면 화장실을 들락거릴 수 있어요.'

기름진 물고기가 맛이 있다고는 하지만, 표층어와 심해어는 지방의 성분이 다르다. 심해어에 비축된 지방은 '왁스에스터'라고 불리는 성분이다. 심해어는 먹이를 구하지 못하는 경우가 많기 때문에 거기에 대비하여 저장하는 지방도 변화시킨 것이다.

샛비늘치는 일반 가정에서는 식탁에 오르지 않는다. 오키나와의 시장에서도 샛비늘치를 파는 모습을 본 적이 없다. 그런데 오에 씨의 말에 따르면 고치현의 몇몇 지역에서는 샛비늘치를 먹는다고 한다.

바닷가에서 주운 샛비늘치를 먹어 보긴 했지만 정식으로 판매되는 샛비늘치도 꼭 먹어 보고 싶었다. 그래서 고치현의 생선 가게에 전화를 걸어 샛비늘치를 보내 달라고 했다.

한 팩에 열세 마리가 들어 있었다. 길이는 약 13센티미터이고, 반건조시켜 꾸덕꾸덕한 상태였다. 오에 씨가 확인한 바에 따르면 물통 샛비늘치라고 한다. 고치현에서는 샛비늘치 조업을 연중 내내 하는 것도 아니고, 또 샛비늘치가 값비싼 물고기도 아니어서 들어오지 않는 날도 있다고 한다.

주문을 해 두었다가 손님이 왔을 때 함께 먹었다. 지글지글 구우니 기름이 뚝뚝 떨어진다. 역시 기름기가 많다.

"맛이 괜찮네요."

우리 집에 놀러 온 노리스케가 한 입 먹어 보고 말했다. 물론 너무 많이 먹지 않도록 주의했다.

샛비늘치가 식탁에 오르는 일은 드물지만 바닷속에는 샛비늘치가 엄청나게 많다고 한다. 심해와 표층을 오가는 물고기는 다른 물고기나 오징어의 먹이가 되므로 결과적으로 우리 식탁을 든든히 받쳐 준

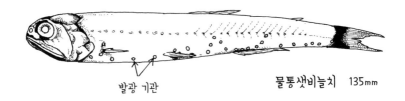

발광 기관　　　　　　　　　　물통샛비늘치　135mm

다. 심해의 물고기들도 어떤 경로를 통해서든 우리와 이어져 있는 셈이다.

사람과 사람의 만남도 더할 나위 없이 신비롭다.

내가 아직 '식탁의 뼈 바르기'를 시작하기 전에 특이한 역사와 자연을 자랑하는 미나미다이토섬으로 여행을 간 적이 있다. 그곳에서 우연히 노리스케를 만나 함께 숙박을 하게 되었다. 그는 그때 도쿄에서 일하고 있었다.

"전 이 섬에서 기름갈치꼬치라는 이상한 물고기를 먹을 수 있다는 말을 듣고 찾아왔어요."

노리스케는 자신이 미나미다이토섬에 온 이유를 그렇게 설명했다.

"뭐라고요?"

정말 이상한 청년이라고 생각했다. 노리스케는 섬에 머무는 며칠 동안 미나미다이토섬을 매우 흡족해했다. 그러고 나서 1년이 조금 지나 노리스케는 하던 일을 그만두고 미나미다이토섬으로 이사했다. 그게 불과 넉 달 사이에 일어난 일이었다. 노리스케는 설탕 공장의 임시 직원으로 일하고 있었다.

알면 알수록 이상한 청년이라는 생각이 들었다. 설탕 공장에서의 근무를 마치고 다시 도쿄로 돌아가는 길에 우리 집에 들러 함께 샛비늘치를 먹은 것이다.

그렇다면 노리스케를 유혹한 기름갈치꼬치는 어떤 물고기일까?

노리스케 때문에 나도 이 이상한 물고기에 끌리기 시작했다.

괴상한 물고기 기름갈치꼬치

기름갈치꼬치라는 이름을 처음 들은 건 미나미다이토섬에서 노리스케를 만나기 훨씬 전이었다. 호시노와 함께 단골 술집에 갔을 때였다.

"이건 서비스예요."

취기가 조금 돌기 시작할 때 사장님이 작은 접시에 소금을 뿌린 생선구이 한 토막을 갖다주었다. 젓가락으로 조금 떼어 먹어 보니 짭짤하면서도 기름기가 많아 매우 고소했다.

"이건 무슨 생선이에요?"

"기름갈치꼬치예요. 전에 미나미다이토섬에서 손님이 왔는데 그분이 가져왔어요."

사장님은 빙그레 웃으며 덧붙였다.

"맛있지만 딱 이 정도만 먹는 게 좋아요. 더 먹으면 큰일 나요."

큰일이 난다는 게 무슨 말인지 궁금해서 그 이름이 머리 한구석에 남아 있었지만, 더 알아보려고는 하지 않았다.

그 후 미나미다이토섬의 여관에서 노리스케를 만나게 됐다.

비행기로 낮에 섬에 도착해서 숙소에 짐을 풀자마자 자전거를 빌려서 섬 안을 돌아다녔다. 저녁에 숙소로 돌아온 나는 정원에 앉아 있는 한 청년과 자연스럽게 친해졌다. 그 사람이 바로 노리스케였다.

우리가 묵은 숙소 건너편에는 건설 회사가 있었다. 저녁이 되어 그 회사 정원에 섬사람 몇 명이 모여서 술자리를 열었다. 노리스케와 나는 우연히 그 술자리에 함께하게 되었다.

그때 나이가 지긋한 남자가 기름갈치꼬치 이야기를 시작했다.

"기름갈치꼬치라는 물고기가 있는데, 옛날에는 대나무에 꽂아 2주 정도 말렸다가 그냥 먹었어. 햇볕에 익히면 굽지 않아도 먹을 수 있는 이상한 물고기지. 옛날에 어렸을 때는 말리고 있는 물고기를 훔쳐 먹기도 했는데, 그러면 바로 들켰어."

"설사를 해서 들킨 건가요?"

같이 술자리에 있던 청년이 물었다.

"아니. 설사를 하는 게 아니라 엉덩이에서 기름이 나오거든. 그래서 바로 들키고 말지."

처음에는 그저 무심하게 듣고 있다가 그 말에 깜짝 놀랐다.

'엉덩이에서 기름이 나온다고? 대체 무슨 말이지?'

그 일이 있은 후 노리스케가 나를 섬에 딱 한 군데 있는 국숫집으로 데리고 갔다.

붙임성이 좋은 노리스케는 얼마 안 되어 국숫집 주인과도 친해졌다. 국숫집 주인 이사 씨 역시 서글서글해서 우리와 허물없이 이야기를 나누는 사이가 되었다.

이사 씨에게 기름갈치꼬치에 대해 물어보았다.

"먹으면 엉덩이에서 기름이 나온다는 얘길 들었어요."

"그래요. 너무 많이 먹으면 기름이 그대로 나와요. 다른 음식은 그렇지 않잖아요. 미끌미끌한 기름이 새어 나오는데, 정작 나오는 것도 몰라요. 어느 정도 먹어야 나오는지도 사람마다 다르고요. 옛날에는 말려서 먹었는데 요새는 말리지 않고 버터에 구워 먹기도 해요. 외줄갈치꼬치라는 물고기를 낚을 때 기름갈치꼬치가 같이 낚여요. 깊은 곳에서 낚싯줄을 300~500미터까지 넣으면 낚여요."

정말로 엉덩이에서 기름이 나올까? 생선 살에 들어 있는 지방이 소화되지 않고 그대로 나온다는 이야기 같았다.

"꼭 먹어 보고 싶다."

노리스케는 그 얘기를 듣고 중얼거렸다. 노리스케는 이 물고기에 대해 듣고 일부러 이 섬까지 찾아왔기 때문이다. 이상한 음식을 먹는 것을 좋아한다고 했다.

그러나 기름갈치꼬치는 판매가 금지된 물고기이다. 예전에 단체로 엉덩이에서 기름이 나오는 사건이 있고 나서부터 그런 조치가 취해졌다고 한다. 섬사람들은 옛날부터 먹어 왔기 때문에 직접 잡아 여전히 먹고 있다는 것이다.

이사 씨가 노리스케의 이야기를 듣고 말했다.

"그럼 아는 사람에게 부탁해 볼게요."

드디어 기름갈치꼬치를 먹으러 갔다.

우리 앞에 나온 것은 회였다. 고기가 유난히 하얗다.

"얼마나 먹으면 될까."

"두세 조각 정도는 괜찮을 거예요."

노리스케를 따라서 나도 덩달아 회를 입에 넣었다. 살짝 달달한 맛이 느껴졌다. 굳이 비슷한 것을 꼽자면 가리비 회를 좀 더 부드럽게 한 느낌이었다.

"음, 지금까지 먹어 본 물고기 중에 가장 맛있는데요."

노리스케는 맛있다고 난리다.

이 만남 이후로 한참이 지났다. 기름갈치꼬치에 대한 기억이 되살아난 것은 외줄갈치꼬치를 찾으면서였다. 외줄갈치꼬치와 함께 섞여 잡힌다는 기름갈치꼬치가 어떤 물고기인지 궁금해졌다.

그렇지만 외줄갈치꼬치와 마찬가지로 전혀 아는 바가 없다. 책에 따라서 '흑갈치꼬치'라고 적혀 있기도 하고 '기름치'라고 적혀 있기도 했다. 조사해 보니 흑갈치꼬치도, 기름갈치꼬치도 갈치꼬칫과의 물고기다. 몸은 긴갈치꼬치처럼 아주 가늘고 길지는 않고, 다랑어처럼 방추형에 가깝다.

기름갈치꼬치는 다랑어의 뱃살처럼 기름기가 많아서 '다이토백다랑어'라고 부르는 사람도 있다.

"모리구치 선생, 오늘 아는 사람이 기름갈치꼬치를 줬는데 어떻게 할까? 오늘 보내 줄까?"

역시나 미나미다이토섬에서 근무하는 구니마사 씨가 소원을 이루어 주었다. 그렇지만 막상 구니마사 씨가 기름갈치꼬치를 보내 주겠다고 하자 순간 당황했다.

"음, 그럼 보내 주세요."

잠시 망설였지만 결국 그렇게 대답했다.

그런데 다시 전화가 왔다. 오전 중에 비행기에 실어 오후쯤 공항에 도착한다는 것이다. 이때까지는 그래도 마음에 여유가 있었다.

그런데 공항에 물건을 받으러 갔다가 깜짝 놀랐다. 가늘고 긴 물체가 신문지와 비닐로 휘뚜루마뚜루 싸인 채 데굴데굴 굴러 나왔다. 엄청난 크기였다.

일부러 학교에서 가장 큰 아이스박스를 빌려서 갔는데 도저히 안에 들어가지 않았다. 어쩔 수 없이 작은 트럭 뒤에 그대로 싣고 최대한 빨리 집으로 갔다. 집에 있는 냉장고에도 물론 들어갈 리가 없었다. 근처 마트에 가서 얼음을 있는 대로 사 와서 욕실에 있는 목욕통을 채웠다. 그리고 기름갈치꼬치를 어떻게든 쑤셔 넣었다.

'이제 어쩌지?'

내가 부탁해서 보내 준 것인데 정말 울고 싶었다. 어떻게 할지 허둥대다가 스기모토에게 전화를 걸었다. 갑자기 도움을 청했는데도 흔쾌히 저녁에 와 주겠다고 대답해 마음이 겨우 진정되었다. 스기모토가 오기 전까지 눈앞에 닥친 일을 처리하느라 정신이 없었다.

"크네요."

저녁에 집에 온 스기모토가 목욕통 안을 들여다보고 말했다. 전체 길이 128센티미터에 무게는 14킬로그램이었다. 우선 스기모토와 저녁을 먹고 기름갈치꼬치를 해체하기 시작했다. 너무 커서 욕실에서 해체하는 수밖에 없었다. 내가 자청한 일이지만 우리 집은 귀신의 집이 되어 버렸다.

"아야!"

"아야!"

기름갈치꼬치

128cm. 14kg

몸 표면의 가시

5mm

비늘

5mm

스기모토

해체를 시작하고 한참 동안 번갈아 비명을 질렀다. 기름갈치꼬치
는 작고 날카로운 가시처럼 생긴 비늘이 몸 전체를 덮고 있다. 무심
코 만지면 손이 찔린다. 나중에 보았더니 손가락 피부가 거칠거칠해
졌다. 기름갈치꼬치는 무서운 존재였다.

껍질은 두껍고 살에 단단히 들러붙어 있었다. 평소 같았으면 뼈
바르기를 할 때 꼼꼼하게 껍질부터 벗겨 내는 스기모토도 소리를 지
를 정도였다. 결국 주방 가위로 껍질을 싹둑싹둑 잘라서 해체하기로
했다.

한참 동안 껍질에 칼집을 넣고 주방 칼로 껍질과 살을 분리해 냈
다. 살이 새하얗다. 정말로 살이 맞나 싶을 정도로 새하얗다. 그리고
손으로 만지니 바로 흐물흐물 부스러진다.

"이 고기를 전부 먹는다면 아마 죽겠지요."

"기름이 엄청나네."

점점 무서워졌다. 두 남자가 욕실에 웅크리고 앉아 가위와 주방 칼
을 휘두르고 있었다. 욕실 바닥 타일에 기름과 피가 흥건하고, 살점
이 너저분하게 널려 있었다. 공포 영화에나 나올 법한 광경이었다.

"아야!"

스기모토가 갑자기 찢어질 듯한 비명을 질렀다. 아가미를 떼어 내
려고 머릿속에 손을 집어넣다가 무언가에 찔린 것이다. 피가 났다.
떼어 낸 아가미를 보고 왜 비명을 질렀는지 알 수 있었다. 아가미뼈
곳곳에 이빨이 날카롭게 자라 있었다. 목니도 날카로웠다.

아쉽게도 위는 텅 비어 있었다. 위는 매우 컸는데 아마도 먹이를
통째로 삼키는 것 같았다. 아가미의 이빨이나 날카로운 목니도 먹이

기름갈치꼬치의 아가미

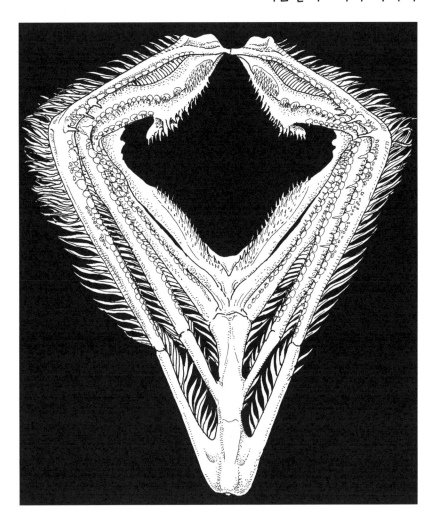

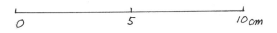

0   5   10 cm

를 한번 삼키면 놓치지 않기 위한 장치일 것이다. 떼어 낸 아가미는 포르말린에 적신 뒤 말려서 표본으로 만들기로 했다. 크기가 커서 관찰할 만한 가치가 충분했다.

껍질과 살을 다 발라내고 뼈를 떼어 낼 차례가 되자 깜짝 놀랐다. 척추뼈가 너무 커서 머리를 떼어 내려면 톱이 필요할 것 같았다. 하지만 뼈가 생각보다 부드러워서 주방용 가위로도 충분히 해결되었다.

"뼈가 마치 지방 속에 칼슘이 형성되어 있는 느낌이에요."

"질긴 봉지 안에 기름이 가득 차 있는 느낌이야."

스기모토와 얼굴을 마주 보았다. 기름갈치꼬치는 지금까지 해체한 물고기들 중에서도 손에 꼽힐 정도로 이상한 물고기였다.

떼어 낸 머리를 푹 끓여 뼈를 발라냈다. 하지만 척추뼈처럼 머리뼈도 텅텅 비어 있었다. 누르면 탄력이 있고 조금만 힘을 세게 주면 끝이 툭 빠졌다. 참 난감한 뼈였다.

"음, 어디까지가 뼈고 어디서부터가 껍질이지?"

기름갈치꼬치의 '물고기 속 물고기'를 꺼낼 때도 스기모토는 끊임없이 고개를 갸웃거렸다. 그래도 그럭저럭 해체를 무사히 끝냈다. 몸도 마음도 지쳐서 한숨이 절로 나왔다.

"드디어 사람으로 돌아왔어요."

커피를 마시며 스기모토가 중얼거렸다. 떼어 낸 고기는 도저히 다 먹을 수 없어서, 이웃에 사는 호시노에게 반은 떠넘기고 남은 것들은 냉동실에 넣어 두었다. 아주 조금만 맛을 보기로 했다. 나는 세 번째 먹어 보는데 스기모토는 기름갈치꼬치를 처음 먹어 본다고 했다.

"음, 맛있어요. 간장만 찍어도 이렇게 맛있다니. 식감도 독특하고."

기름갈치꼬치의 뼈

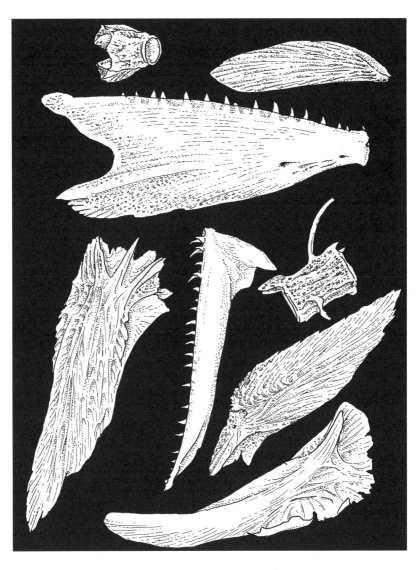

0   5   10 cm

스기모토가 회를 입에 넣고 씹으며 말했다.

그런데 방금 전까지 겪은 기름 지옥을 떠올리자 무언가 석연치 않은 점이 있다는 것을 깨달았다. 뜨거운 물로 목욕탕 바닥을 씻어 내리는데 뜨거운 물을 아무리 부어도 기름이 흘러내리지 않았다. 미끌미끌한 게 아니라 끈적끈적한 느낌이었다. 마치 양초 같았다.

"이러니 소화가 될 리 없지."

무심코 현관으로 눈을 돌렸는데 기름갈치꼬치의 찌꺼기를 담아 둔 쓰레기 봉지에서 기름이 잔뜩 흘러나와 있었다.

'역시 무서운 물고기야.'

학교에서 이 이야기를 했더니 학생들은 깔깔거리며 웃었다.

"먹어 보고 싶어요."

겁이 없는 학생들은 그렇게 말했다.

한참 뒤 기숙사 당직을 뽑는데 내가 걸렸다. 기숙사생들의 저녁 식사를 준비하고 하룻밤을 묵어야 한다. 그때 기름갈치꼬치 고기를 가져갔다. 물론 평범한 반찬도 만들었다. 기름갈치꼬치 회는 어디까지나 덤이다.

"정말로 먹을 수 있어요?"

막상 먹어 보라고 하니 슈스케는 주저했다.

"참치 뱃살 같아요."

유키는 냉큼 젓가락으로 집으며 말했다.

"얼마나 먹으면 기름이 나와요?"

게이스케는 그 점이 궁금한 모양이다.

이날 다케 씨가 기숙사로 놀러 왔다. 다케 씨는 엉덩이에서 기름이 나온 경험이 있다며 아이들에게 생생한 체험담을 들려주었다.

"바닷가에 갔다가 기름갈치꼬치를 주길래 먹었거든. 그리고 나서 술집에 갔는데, 앉아 있던 소파가 기름에 다 젖었어."

"어, 얼마나 먹었는데요?"

"몰라. 꽤 많이 먹었을걸. 역시 엉덩이에서 나오는 거라서 냄새가 지독했지!"

"우웩!"

"나도 기름이 나왔으면 좋겠어."

"나는 싫어!"

아이들은 흥미로워하며 재잘재잘 떠들었다.

산호 학교의 사무국장 엔토모 씨는 기름갈치꼬치 회를 열심히 먹고 잔뜩 기대하면서 이불 위에 수건을 깔고 누웠지만, 전혀 낌새가 없어서 실망했다.

기름갈치꼬치를 둘러싼 이야기는 끝이 없다. 엉덩이에서 나오는 기름은 샛비늘치 이야기에서 등장한 왁스에스터다. 기름갈치꼬치의 왁스에스터의 양이 샛비늘치보다 훨씬 많다. 사진이나 그림으로 생긴 모습을 보면, 기름갈치꼬치는 딱히 특별한 것은 없다. 하지만 막상 만져 보면 이렇게 기묘하다고 느껴지는 물고기도 드물다.

삶아서 익힌 기름갈치꼬치의 머리뼈는 틀니 세정제에 담가 두었더니 완전히 흩어져 버렸다. 바싹 마른 뼈는 구멍이 많고 푸석푸석해서 과자처럼 가벼웠다. 이러한 기름갈치꼬치의 신체적 특질이야말로 심해에서 살아남기 위해 만들어진 구조인 것이다.

그러고 보니 이상한 점이 있었다. 회는 분명 맛은 있긴 했지만 섬 사람들은 왜 이런 물고기를 계속 먹고 있는 것일까. 미나미다이토섬에 갔을 때 이사 씨가 들려준 이야기가 떠올랐다.

"기름갈치꼬치는 이제나섬에서는 특별한 음식 같아요. 미나미다이토섬에서 이제나섬으로 기름갈치꼬치를 보내던 때가 있었어요. 미나미다이토섬에는 이제나섬 출신이 많거든요."

미나미다이토섬은 오랫동안 무인도였는데, 하치조섬에서 스물세 명의 개척자가 섬으로 건너가 마침내 사람이 살게 되었다. 그때가 1900년의 일이다. 그 후 사탕수수 재배가 확대되면서 하치조섬뿐 아니라 오키나와의 여러 섬에서 사람들이 미나미다이토섬으로 이주하게 되었다. 《미나미다이토섬의 역사》를 읽어 보면, 개척 초기부터 소규모로 고기잡이가 이루어지다가, 1910년대가 되어 이제나섬 출신의 어부들이 많아졌다고 쓰여 있다.

이제나섬은 오키나와섬 북부의 서쪽에 있다. 도서관에 가서 《이제나섬의 역사》를 읽어 보기로 했다. 페이지를 넘기다 보니 '기름갈치꼬치'라는 말이 눈에 들어왔다. 오키나와 사람들에게 기름갈치꼬치의 오키나와 이름의 어원을 물어보니 다들 모른다고 대답했다. 그런데 같은 오키나와현에 속하지만 멀리 떨어져 있는 미나미다이토섬과 이제나섬 두 곳에서 기름갈치꼬치를 부르는 이름이 동일했다. 두 곳 모두 기름갈치꼬치를 먹는 문화가 자리 잡고 있다는 걸 알 수 있다.

너무 많이 먹으면 혼쭐이 나기도 하지만, 반대로 잘 활용하면 맛있게 먹을 수 있는 생선이기도 하다. 어떤 대상과 일정한 거리를 유지하는 지혜야말로 문화가 아닐까. 기름갈치꼬치 문화가 자리 잡지 않은 곳으로 유통될 때는 비극이 일어난다. 그렇기 때문에 유통이 금지되어 있다. 현대 사회는 무엇보다 효율성이 중요한 사회니까.

비싸게 팔 수 있는가?

살 사람이 많은가?

어디서든 구할 수 있는가?

이것이 현대 사회의 기준이다. 기름갈치꼬치는 효율성과는 거리가 먼 물고기다. 효율성을 중요시하는 문명사회에서는 문화가 점점 힘을 잃는다. 기름갈치꼬치 문화는 이제나섬에서 미나미다이토섬으로 들어와 계속 이어져 왔다.

"그러고 보니 기름갈치꼬치 먹는 방법을 안 가르쳐 줬군. 튀겨서 먹으면 치킨보다 맛있어."

한참이 지나서 구니마사 씨가 그렇게 알려 주었다. 정말일까? 안 그래도 기름기가 많은 생선을 또 기름에 튀기면 어떻게 될까?

하지만 정말이었다. 나중에 튀김을 만들어 먹어 보니 정말로 맛있었다. 기름갈치꼬치 튀김은 아주 최근에 생긴 요리법 같다. 기름갈치꼬치 문화는 여전히 변화하고 있다.

기름갈치꼬치의 지방에 대한 부작용은 개인마다 차이가 있다. 얼마나 먹어야 하는지 일률적으로 기준을 정할 수 없다. 문화란 각 개인이 몸소 체득해야만 하는 것이다. 식탁 위에 놓인 물고기 한 마리지만 거기에는 진화의 역사와 복잡하게 얽힌 생태계, 그리고 인간의 역사가 모두 응축되어 있다.

맛없는 물고기의 재미

기름갈치꼬치는 어떻게 요리하느냐에 따라 맛있어지지만, 심해 물고기 중에는 터무니없이 맛없는 물고기도 있다. 기름갈치꼬치가 '헤엄치는 지방 덩어리'라고 한다면 돛란도어는 이른바 '헤엄치는 커다란 위장'이라고 할 수 있다. 돛란도어는 입이 큰데, 사냥감을 보는 족족 다 삼켜 버리는 습성이 있다.

말로만 듣다가 오에 씨가 보내 준 돛란도어의 사진을 보고 질려 버렸다. 오에 씨가 보내 준 건 바닷가에 떠밀려 올라온 돛란도어의 사진이었다. 돛란도어의 배를 열어 위 속 내용물을 찍었는데, 위 속에 가시복 열두 마리가 들어 있었다. 날카로운 가시가 돋아난 가시복을 이렇게 통째로 삼켜도 괜찮은 걸까? 돛란도어가 '심해의 먹깨비'라는 것을 만천하에 알린 셈이다. 이런 먹깨비를 오에 씨는 먹어 본 적이 있다고 한다.

"돛란도어는 몸의 99퍼센트가 수분으로 되어 있어요. 그래서 건조시키면 뼈가 굉장히 가벼워요. 크지만 푹신푹신해요. 고기도 먹어 봤는데, 익히니까 눅눅해지고 비린내와 석유 냄새 같은 것이 섞여 있어서 맛이 없어요. 까마귀도 돛란도어의 눈동자나 내장만 먹어요."

돛란도어도 돛란도어지만 오에 씨도 오에 씨라는 생각이 들었다. 물론 돛란도어가 식탁에 오르는 일은 없다. 그리고 오키나와 바닷가에서 돛란도어가 떠밀려 온 것을 본 적도 없다. 그러나 무지하게 맛없는 이 물고기를 나도 결국 만나게 되었다.

5월 연휴에 일이 있어 도쿄로 갔다. 시간이 조금 남아 오랜만에 지바현 초시 부근의 바닷가에서 사체를 찾으며 시간을 보냈다. 그리고 운 좋게도 여기서 반쯤 썩은 돛란도어의 머리를 주울 수 있었다.

한참 뒤에 돛란도어의 머리를 골격 표본으로 만들었는데, 오에 씨가 말한 것처럼 머리뼈 표본이 이상하리만치 가벼웠다.

"왠지 오징어 뼈와 비슷해요. 뼈 같지가 않아요."

스기모토에게 보여 주니 이런 말을 했다. 그 말을 듣고 보니 돛란도어의 반투명하고 흐물흐물한 뼈가 오징어 몸통에 들어 있는 뼈와 비슷한 느낌이었다.

초시 부근의 바닷가를 걸으면서 돛란도어 이외에도 재미있는 것을 보게 됐다. 항구 주변에 접어들었을 때 그물에 잡힌 뱅어를 분류하는 어부들의 모습이 눈에 들어왔다. 반투명한 뱅어는 지금은 고급 물고기로 꼽힌다. 연안에 들어온 뱅어를 그물로 잡은 것 같은데, 산더미처럼 쌓인 어획물에 뱅어보다는 다른 물고기가 훨씬 많았다.

물고기 더미에서 뱅어를 한 마리씩 집어내고 나머지 물고기는 모두 쓰레기통으로 들어갔다. 재미있어 보이길래 가까이 가 보니, 버려진 물고기들은 매우 다양했다. 전체 길이가 15센티미터인 새끼 갈치나 새끼 은어, 그리고 복섬(참복과의 바닷물고기)의 새끼들도 있었다.

쓰레기통에 들어간 물고기 중에 댓잎장어의 모습도 보였다. 댓잎장어는 성체로 변하기 이전의 어린 장어를 말한다. '버들잎 유생'이라고도 하는데, 얇고 납작하고 반투명해서 가늘고 긴 대나무 잎처럼 생겼다.

일본에 서식하는 장어는 알을 낳으러 원양으로 나간다. 일본 앞바다에 사는 장어가 어디서 알을 낳는지 최근까지 밝히지 못했다. 마침내 밝혀낸 산란 장소는 일본에서 훨씬 남쪽에 있는 마리아나 제도 부근이라고 한다.

댓잎장어는 남쪽 바다에서 구로시오 해류를 타고 아주 멀리 떨어진 일본으로 온다. 일본 앞바다에 가까워지면 댓잎장어는 변태하여 가늘고 긴 장어형의 물고기가 된다. 그리고 강을 거슬러 올라가 성어가 되는 것이다.

이러한 장어의 일생을 생각하면, 초시 항구에서 볼 수 있는 댓잎장어는 장어가 아닌 셈이다. 뱅어잡이는 아주 가까운 바다에서 이루어지기 때문이다. 그렇다면 초시에서 본 댓잎장어는 도대체 어떤 동물의 새끼들일까?

흥미로운 기사가 오키나와의 지역 신문에 실린 적이 있다.

'만새기 배에서 진귀한 물고기가 나오다'

이런 제목의 기사였다. 기사 내용은 요리를 하다가 만새기 위 속에서 몸길이 약 30센티미터의 댓잎장어가 발견되었다는 것이다. 처음에 댓잎장어를 보고 비닐봉지가 나왔다고 생각했다고 한다. 그리고 이 댓잎장어는 붕장어의 유생이 아닐까 하는 전문가의 의견도 엿볼 수 있다.

장어는 장어목에 속한다. 그리고 장어목에 속하는 다른 물고기들, 즉 곰치나 장어, 바다뱀(바다뱀과의 물고기를 말한다)도 댓잎장어 시절을 거친다. 그러므로 내가 초시에서 본 댓잎장어는 곰치의 새끼들이 아닐까 추측해 보았다.

이 기사는 또 한 가지 재미있는 사실을 가르쳐 준다. 그것은 하천이나 해저에 서식하는 장어목의 물고기들도 성체로 변하기 전에는 원양 표층어에 속한다는 점이다.

인간은 무엇이든 먹으니까 이 댓잎장어를 먹는 지역도 있다. 예를 들면 와카야마현에서 댓잎장어는 고급 생선으로 친다. 나도 이것을 먹어 본 적이 있는데, 거의 아무런 맛도 없다. 납작 당면을 먹는 느낌이다.

댓잎장어는 때로는 신문 기사에 떠들썩하게 등장하는 진귀한 물고기이다. 또 어떤 때는 고급 물고기로 대접받기도 한다. 그러므로 초시의 항구에서 어부들이 댓잎장어를 쓰레기통에 버리는 것이 왠지 아깝게 느껴졌다.

"와카야마 지방에서는 이것을 먹는대요."

나도 모르게 그렇게 말해 버렸다.

"알아요."

어부들이 대수롭지 않게 대답해서 조금 놀랐다. 먹기도 한다는 것을 모르진 않았던 것이다.

어부는 계속해서 이렇게 말했다.

"그 지역 사람들이 자랑하는 걸 들은 적 있어요. 하지만 맛이 없는 걸요."

뱅어잡이 어획물

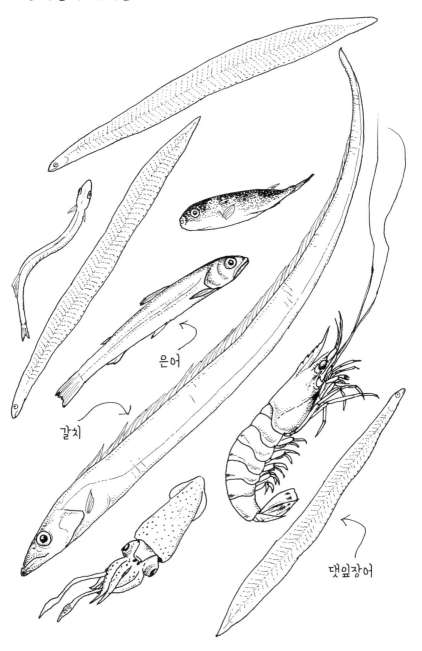

은어

갈치

댓잎장어

어떤 물고기에서 의미를 찾아내는 것도 문화지만, 의미를 부여하지 않는 것도 역시 문화다. 댓잎장어가 쓰레기통으로 직행하는 것도 문화의 다양성이 나타난 하나의 예이다. 그렇게 보면 '맛이 있다' 혹은 '맛이 없다'는 것은 상당히 주관적이라는 생각도 하게 된다.

장어는 일본인이 매우 좋아하는 식재료다. 장어는 하천에 살지만 아득히 먼 원양으로 가서 알을 낳는다. 그리고 어미와 전혀 다르게 생긴 유생이 아주 긴 여행을 하여 일본까지 찾아온다.

성어의 몸도 물고기로 보기에는 이상하리만치 가늘고 길다. 그런 장어도 어느 날 갑자기 이 세상에 나타난 것은 아니다. 당연히 조상이 있고, 조금씩 진화해 왔다.

장마가 오키나와를 휩쓸고 지나갈 때 스기모토가 장어의 조상이라고 불리는 물고기를 가지고 찾아왔다.

스기모토의 친구 중에 생물을 좋아하는 야마구치라는 청년이 있는데, 이리오모테섬에 살고 있다. 그 청년이 그물로 풀잉어를 잡았다고 한다. 스기모토는 야마구치의 냉동실에서 오랜 시간 잠자고 있던 풀잉어를 택배로 받아 일부러 우리 집으로 가져왔다.

전체 길이가 34센티미터인 매우 아름다운 물고기였다. 몸은 은색으로 반짝이고, 크고 딱딱한 비늘로 덮여 있었다. 등지느러미 뒤쪽 끝에 안테나 모양 돌기가 뻗어 있는 것이 특징이다. 풀잉어는 전형적인 물고기의 형태를 띠고 있다. 그런 물고기를 어떻게 장어의 조상으로 볼 수 있을까?

실은 풀잉어를 포함한 당멸치목의 물고기들은 댓잎장어의 유생기를 거친다. 그런 점에서 학자들은 당멸치목의 물고기에서 장어목의 물고기들로 진화했다고 추정한다.

풀잉어가 댓잎장어 유생기를 거친다고는 하지만, 겉모습만 봐서는 그렇게 이상한 물고기 같진 않았다. 스기모토는 풀잉어와 형제뻘인 대서양타폰에게 특별한 관심을 갖고 있어서 풀잉어에게도 끌리는 것이다.

"이 세상 모든 낚시꾼들이 잡고 싶어 하는 물고기가 대서양타폰이에요."

스기모토는 대서양타폰에 관한 참고 문헌을 가져왔다. 가이코 다케시의 《오파!》라는 책이다. 이 책에서 가이코 다케시도 오로지 대서양타폰을 낚기 위해서 코스타리카로 건너갔다.

풀잉어는 아무리 커도 전체 길이가 1미터 정도지만, 대서양타폰은 2미터나 된다고 한다. 그리고 바늘에 걸리면 맹렬하게 몸부림치며 튀어 오른다. 《오파!》에는 그 낚시의 과정과 결말이 자세히 쓰여 있다.

단, 대서양타폰은 맛이 없다고 한다. 어떻게 요리를 해도 먹을 수 없다고 한다.

"그런 물고기를 낚아서 뭐 해. 나는 별로야. 이왕 낚을 거면 연어를 낚는 게 낫지."

내가 그렇게 말했더니 스기모토는 낚시란 그런 차원이 아니라고 말했다.

"자, 풀잉어 골격 표본이나 만들어 볼까."

"아, 고생길이 열렸네요."

스기모토가 구시렁거렸다. 딱딱한 비늘을 벅벅 벗기고 커터칼로 칼집을 넣어 껍질을 벗겼다. 그랬더니 안에서 살이 잔뜩 나오고 그

속에 잔뼈도 가득했다. 살은 아무것도 안 했는데 으깨져 있었다. 껍질을 한 겹 벗기니 풀잉어는 더 이상해 보였다.

"몇 년 동안 냉동실에 두어서 살이 이렇게 부스러지는 걸까요?"

스기모토가 살을 제거하면서 놀란 목소리로 물었다.

"어쨌든 어렵게 구한 거니까 한번 먹어 볼까?"

우린 긁어 낸 고기에 밀가루를 섞고 양파와 마늘을 잘게 다져 넣었다. 그런 다음 소금, 후추, 참기름을 조금 뿌리고 반죽을 해서 평평하게 빚어서 구웠다. '풀잉어 햄버거'다. 풀잉어도 대서양타폰의 형제답게 역시 맛이 없을까?

"어? 먹을 수는 있겠는데."

"맞아요. 맛있다고는 할 수 없지만 먹을 수는 있어요."

한 입씩 먹고 그런 말을 주고받았다. 그런데 계속 먹다 보니 뒷맛이 희미하게 남아 찜찜했다. 뼈를 발라내다가 풀잉어 냄새를 맡으니 묘한 냄새가 났다. 그 냄새가 입에 넣었던 고기에서도 떠다녔다.

"이 냄새 뭐지? 왠지 아릿한 냄새가 나는데."

"그러게요. 역시 지방에 특수한 성분이 있는 걸까요?"

"왠지 역겨워."

음, 먹기는 먹었는데 역겹다.

《오파!》를 읽어 보면 대서양타폰의 육질이나 맛이 풀잉어와 똑같다고 한다. 가이코 다케시는 대서양타폰에서 나는 냄새를 공업용 기름과 비슷하다고 표현했다. 그리고 아무리 그 냄새를 매운맛으로 감추어도 고기 자체가 맛이 없다고도 했다. 장어의 조상이라면서 지독하게 맛이 없다니!

풀잉어

340mm

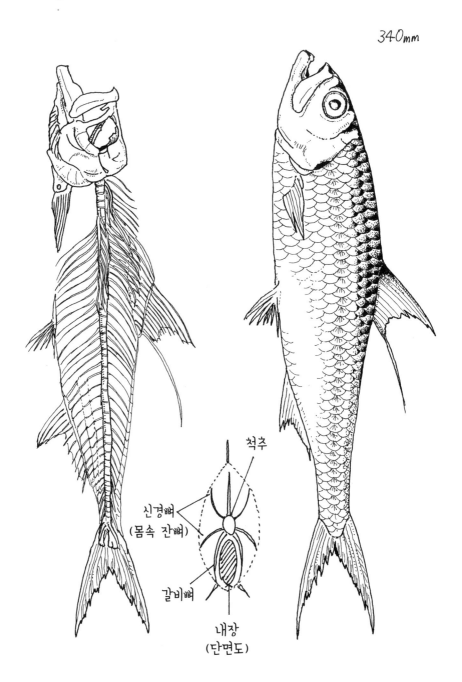

척추

신경뼈
(몸속 잔뼈)

갈비뼈

내장
(단면도)

스기모토는 이 풀잉어로 전신 골격 표본을 완성했다. 전신 골격 표본을 보니 그것 역시 이상했다. 이상하게 잔뼈가 많다. 몸통의 살 사이사이에도 작은 뼈가 빼곡했다. 조사해 보니 물고기 중에서도 원시적인 물고기들에서 잔뼈를 주로 볼 수 있다고 한다. 수많은 물고기들 중 원시적인 체형을 지금도 갖고 있는 건 당멸치목, 잉어목, 연어목, 청어목의 물고기들이다.

식탁에 자주 오르는 정어리는 청어목의 물고기로 역시 잔뼈가 많다. 이 물고기들 다음으로 원시적인 골격을 가지는 물고기는 샛비늘치목, 동갈치목, 모기송사리목, 대구목, 아귀목의 물고기들이다. 그리고 농어목, 쏨뱅이목, 가자미목, 복목의 물고기들을 가장 고등한 물고기들로 친다.

이렇게 나열해 보면 먹이 자원이 풍부한 연안은 대부분 고등한 물고기들이 차지하고 있다는 것을 알 수 있다. 반대로 원시적인 물고기들은 원양 표층이나 심해 그리고 민물에 많다.

기원이 오래된 물고기들은 새롭게 생겨난 물고기들에 밀려 연안 바다에서 쫓겨났다. 하지만 뒤집어서 생각하면 원양 표층이나 심해라는 바다의 다중 구조가 기원이 오래된 물고기들을 감싸 주며 전반적으로 물고기의 다양성을 높이고 있다고 말할 수 있지 않을까.

원양 표층에는 기원이 오래된 물고기들뿐 아니라 가장 진화한 농어목의 한 종류인 다랑어와 돛새치도 진출했다. 연안 영역과 비교하면 전체 종수는 적지만, 원양 표층에서 볼 수 있는 물고기들은 연안의 물고기보다 훨씬 다양성을 띤다.

바로 그 다양성 때문에 콘티키호의 물고기들에게 끌리는 것 같다.

풀잉어를 먹고 한참 지나서 오키나와섬 남부의 바닷가에 갔다가 문득 물고기 머리뼈 하나가 발밑에 떨어져 있는 것을 보았다. 풀잉어다.

그전 같았으면 신경도 쓰지 않았을 것이다. 머리뼈만 남아 있었지만 스기모토와 식탁에서 골격 표본을 한 차례 만들어 봤기 때문에 나는 그 뼈가 풀잉어라는 것을 한눈에 알아봤다. 그 뼈를 집으로 가져왔다. 오에 씨는 풀잉어의 귓속돌을 가지고 있을까? 그 뼈를 오에 씨에게 보냈고, 얼마 뒤 답장이 왔다. 오에 씨는 풀잉어의 뼈를 가지고 있었다. 퇴직 후에 말레이시아에 갔을 때 수집했다고 한다.

"말레이시아 시장에서는 비싼 값에 팔아요. 그대로는 먹지 못했고 카레를 만들 때 잘게 잘라서 넣었어요. 뼈가 매우 하얗다는 것 말고 고기 맛이 어땠는지는 기억나지 않아요. 다음에 다시 찾는다면 푹 익혀서 먹어 볼게요."

세상은 넓다. 물고기를 쫓으면 쫓을수록, 그리고 이상한 물고기를 볼 때마다 인간의 다양성도 함께 눈에 들어왔다. 난 《콘티키호 탐험기》를 동경했고, 거기에 나오는 물고기를 쫓아다녔다.

원양의 표층과 심해를 돌아 마지막에 도달한 지점이 있다. 그것은 바로 내가 서 있는 이곳 오키나와다.

오키나와에서 물고기와 사람은 어떤 관계를 맺으며 살아왔을까?

4
발밑의 물고기

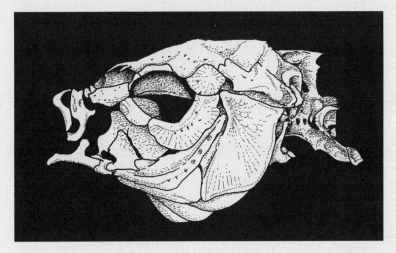

잉어 90mm

하늘을 나는 오징어

"다케 씨, 옛날에는 상어를 먹었어요?"

어느 날 다케 씨에게 물어보았다.

"환초(고리 모양을 이룬 산호) 안에서 잡히는 상어는 다 먹었어요. 무슨 상어더라……. 그건 잘 기억이 안 나요. 그리고 낚싯줄에 걸리는 상어도 있어요."

다케 씨는 그렇게 알려 주었다.

오키나와섬 주변의 바다 안쪽으로 해안선과 나란히 하얀 파도가 밀려온다. 이것은 산호초가 만들어 낸 자연 방파제다. 환초 안쪽 얕은 바다는 원양에 파도가 거셀 때도 비교적 잔잔하다.

다케 씨의 말에 따르면 환초 안에 서식하는 연안의 상어와 낚싯줄에 걸리는 원양의 상어 둘 다 먹을 수 있다는 것이다. '식탁의 뼈'를 바르기 시작한 뒤로 열 달 남짓 지났다. 계절은 이제 여름에 접어들었다. 언젠가 상어를 먹을 수 있을 거라고 생각했지만, 아직은 기회가 생기지 않았다.

"구니마사 씨가 그러는데, 어렸을 때 바닷가에서 상어 말리는 걸 훔쳐 먹은 적이 있는데 굉장히 맛있었대요. 다케 씨가 먹었던 상어도 말린 거예요?"

"네, 잘라서 말렸어요. 말린 것은 구워 먹기도 하고 그대로 먹기도 했어요."

"책에 보면 옛날에 시장에서 상어 고기를 자주 팔았다고도 나오는데 지금은 팔지를 않아요."

"음, 그런가요."

아무튼 다케 씨도 최근에는 상어 고기를 먹지 못한 것 같다. 오키나와에서 상어를 먹는 전통은 이대로 사라져 버리는 걸까? 그런 생각을 하고 있는데 다케 씨가 다른 이야기를 꺼냈다.

"지금은 살오징어가 제철이에요. 말리거나 젓갈을 만들어 먹어요."

오키나와에는 오징어 먹물을 넣어서 만드는 젓갈이 있다. 오키나와는 항상 여름이라고 생각하겠지만 오키나와에도 생선 제철이 있다.

예를 들면 한여름에는 독가시치의 치어가 제철이다. 독가시치로 담근 젓갈은 1년 내내 시장에서 팔지만, 여름에는 냉동되지 않은 독가시치로 담근 젓갈을 판다.

나는 살오징어가 제철이라는 다케 씨의 말에 몹시 놀랐다. 왜냐하면 '지금이 제철'이라고 말할 정도로 사람들이 살오징어를 즐겨 먹는다는 것을 전혀 알지 못했기 때문이다. 나는 살오징어를 오로지 희귀한 오징어라고만 여겼었다.

오징어 중에는 하늘을 나는 오징어가 있다. 헤이에르달이 이 사실을 세상에 처음 공개했다. 《콘티키호 탐험기》에는 날치가 뗏목으로 날아들 때 오징어가 섞여 있었다는 이야기가 나온다. 콘티키호가 불

확실한 항해를 시작할 때 매우 두려워하던 것이 있다. 그것은 원양에서 문어나 오징어의 공격을 받는 것이다.

헤이에르달이 항해 계획을 세우고 있을 때 한 전문가가 바다에 나가면 문어나 오징어를 가장 조심하라고 충고했다. 오징어나 문어는 매우 탐욕스럽고, 때로는 거대한 상어를 다리로 휘감아서 죽이기도 한다는 것이다. 그 충고를 듣고 헤이에르달이 뗏목에 잔뜩 쌓아 둔 것이 있다.

만에 하나 거대한 오징어와 문어가 뗏목을 휘감아 바다로 끌고 가려고 하면, 기다란 다리를 잘라 버리기 위해 긴 칼을 실어 둔 것이다. 지금 이런 이야기를 들으면 어이없다고 할지 모른다. 사람을 휘감을 만큼 거대한 문어나 오징어가 과연 세상에 어디 있을까.

세계에서 가장 큰 문어는 대왕문어다. 하지만 대왕문어가 다리를 쭉 뻗어도 전체 길이는 3미터밖에 되지 않는다. 그리고 북쪽 바다의 연안에서 서식하고 있다. 원양 심해에는 들쇠고래의 먹이가 되는 대왕오징어가 분명 있기는 있다. 전체 길이가 10미터를 넘지만, 근육이 약해 사람을 바닷속으로 억지로 끌고 가지는 못한다.

사람을 습격할 만한 오징어나 문어는 세상에 존재하지 않는다. 그렇지만 유럽에서는 옛날부터 '크라켄'이라고 불리는 거대한 오징어나 문어 같은 괴물이 존재한다는 미신이 전해 내려오기 때문에, 콘티키 호 탐험대원들은 필요 이상으로 오징어와 문어를 두려워했다. 그리고 전 세계에서 오징어나 문어를 먹는 음식 문화를 가진 지역은 많지 않다. 헤이에르달은 노르웨이 출신이라서 오징어나 문어가 익숙하지 않았던 것이다.

탐험대원들이 막상 여행을 시작하고 오징어를 보니, 겁을 먹기에는 너무 보잘것없었다. 처음에 헤이에르달은 뗏목 위로 작은 오징어들이 날아들자 오징어가 습격하는 거라고 생각하고 불안에 떨었다. 하지만 그런 일이 두 번, 세 번 거듭되면서 이상하게 여기기 시작한다. 뗏목 선실 지붕 위에 오징어가 떨어져 있었기 때문이다.

아무리 생각해도 오징어가 거기까지 기어 올라갔다고는 생각할 수 없었다. 결국 헤이에르달은 이 괴이한 현상의 진실을 목격하게 된다.

어느 날 만새기가 사냥감을 쫓고 있는 장면을 보게 되었다. 만새기가 파도를 일으키는데, 파도 끝에 이는 거품에서 반짝반짝 빛을 내며 공중으로 날아오르는 것이 보였다. 처음에 탐험대원들은 날치 떼가 틀림없다고 생각했다. 그런데 그중 한 마리가 탐험대원의 머리에 부딪혀 뗏목 위로 떨어졌다. 뜻밖에도 그것은 오징어였다.

우리는 무척 놀랐다.

헤이에르달은 그렇게 기록하고 있다.

1981년에 동물 사진가인 이와마이가 인도양에서 살오징어가 편대 비행을 하는 사진을 발표해 화제를 모았다. 나는 이 사진으로 살오징어를 처음 보았다.

'이런 오징어도 있었구나.'

사진을 보고 나니 꼭 실물을 보고 싶었다. 뜻하지 않게 도나키섬 바닷가에서 그 바람이 이루어졌다.

이른 아침에 떠밀려 온 샛비늘치를 줍다가 낯선 오징어 한 마리를 주웠다. 몸통의 길이는 약 13센티미터이고 짙은 자주색이었다. 혹시 살오징어일까, 하는 생각이 들었다. 밤사이 원양 표층까지 올라온 샛비늘치가 바닷가로 밀려와 있었다면, 마찬가지로 원양에 사는 오징어도 떠밀려 올 수 있지 않을까?

집으로 가져와 찾아보니, 정말로 살오징어였다. 오징어가 워낙 싱싱해서 요리를 해 보기로 했다.

"맛없는 거 아니야?"

나는 그렇게 예상했다. 왜냐하면 《콘티키호 탐험기》에 다음과 같은 내용이 있었기 때문이다.

그것은 닭새우와 지우개를 섞어 놓은 맛이었다. 콘티키호에서 먹은 음식 중 가장 맛이 없는 음식이었다.

닭새우와 지우개를 섞어 놓은 건 어떤 맛일까? 오징어나 문어를 먹지 않는 지역에서 자란 사람들의 편견을 여기서 엿볼 수 있다. 하지만 이렇게까지 쓴 걸 보면, 살오징어가 오징어 중에서도 맛이 없는 종일지 모른다는 생각이 들었다.

"살오징어 요리라니! 헉! 복제품은 만들어 뒀어요?"

놀러 온 스기모토에게 살오징어 요리를 차려 주었더니 첫마디가 그랬다. 스기모토도 살오징어라고 하니 나와 마찬가지로 진귀한 오징어라는 생각을 먼저 한 것 같다. 하지만 나는 복제품을 만든다는 생각은 전혀 하지 못하고 그대로 전부 요리해 버렸다. 살오징어를 간

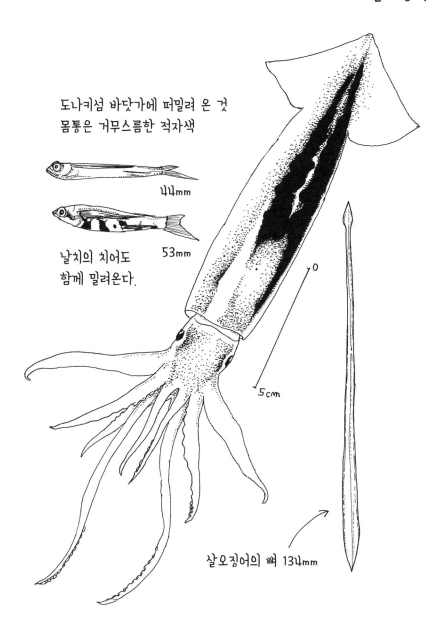

살오징어

도나키섬 바닷가에 떠밀려 온 것
몸통은 거무스름한 적자색

44mm

53mm

날치의 치어도
함께 밀려온다.

0

5cm

살오징어의 뼈 134mm

단하게 올리브유에 볶았다.

"맛있잖아."

입에 넣자마자 이 말이 튀어나왔다. 어쩐지 조금 김이 샜다. 살오
징어는 평범한 오징어 맛이었다. 보통 오징어보다 조금 딱딱한 느낌
은 있지만 볶아 먹으니 특별할 것이 없었다. 헤이에르달은 역시 오징
어와 문어를 먹는 것에 익숙하지 않은 사람이었던 것 같다.

이렇게 살오징어를 먹어 보았지만, 다케 씨가 한 말을 듣기 전까지
는 살오징어가 식용이라기보다는 희귀한 오징어로 내 마음속에 여전
히 자리 잡고 있었다.

그래서 이번에는 살오징어를 찾으러 시장에 나가 보기로 했다.

오키나와 남부에 있는 아주 작은 오지마섬이 살오징어가 유명하다
고 한다. 우리 집에서 오지마섬까지 차로 한 시간이면 갈 수 있다. 오
지마섬으로 가는 길에 구시가미 마을의 산지 직매장이 눈에 들어왔
다. 과일을 주로 팔고 있는 넓은 매장 옆에 자그마한 생선 가게가 있
었다.

'혹시 여기서 살오징어를 팔까?'

유리 진열장 안을 들여다보니…… 있다! 정말로 살오징어를 팔고
있었다. 그런데 다 직사각형 모양으로 잘라 두었다.

"자르지 않은 것도 있나요?"

가게 주인아주머니에게 물어보았다.

"얼마나 필요해요? 내가 손질하는 거니까 미리 예약하면 자르지
않고 통째로 줄 수 있어요."

어쨌든 오늘은 온전한 오징어가 없는 것 같았다.

"이 오징어는 날아다니지요?"

이번에는 질문을 바꾸었다.

"그래요."

아주머니는 시큰둥하게 고개를 끄덕였다. 살오징어를 식용으로 파는 것도 물론이거니와, 오징어가 하늘을 난다는 사실도 오키나와에서는 당연한 일인 것 같았다. 그 사실도 놀라웠다.

지금까지 시장이나 바닷가에서 물고기를 보면서 종종 '원양'을 느끼곤 했다. 물론 오징어는 물고기가 아니다. 하지만 아주머니가 고개를 끄덕이는 모습을 보자 지금까지 어떤 바다 생물을 만났을 때보다도 오키나와섬이 원양에 가깝다는 것을 느낄 수 있었다.

구시카미 마을의 시장을 떠나서 살오징어 산지인 오지마섬으로 갔다. 섬이라고는 해도 오키나와에서 불과 수십 미터밖에 떨어져 있지 않아 지금은 도로로 연결되어 있다.

그리고 섬을 연결하는 도로 옆으로 항구가 있다. 항구 옆에 차를 세우니 바람에 나부끼는 오징어가 눈에 들어왔다. 아주머니들이 뾰족뾰족 가시가 돋친 철사 줄에 오징어를 매달고 있는 모습도 보였다. 가까이 다가가서 말을 걸었다. 이번에는 질문을 조금 바꾸어 보았다.

"아주머니, 오징어 나는 것 보신 적 있어요?"

"없어요."

질문에 따라서 대답도 바뀐다.

"오징어잡이는 남자들만 가서 그런가요?"

"맞아요, 바다에서 밤에 불을 켜 놓고 잡아요. 지금부터 10월, 11월까지가 오징어 제철이에요. 날씨가 좋으면 이렇게 매일 말려요. 저쪽에 심해 상어를 말린 것도 있는데, 혹시 필요해요?"

"상어라고요?"

"상어는 오징어와 함께 잡혀요. 지금 소금에 절여 말리는 거예요."

생각지 못한 곳에서 동경하던 상어도 만나게 되었다. 여기 있는 상어는 무슨 상어일까?

"머리는 버리나요?"

혹시 상어 머리를 손에 넣을 수 있을까 기대하며 물어보았다.

"머리도 데쳐서 먹어요. 기름도 마시고요."

심해의 상어는 간에 기름을 다량으로 머금고 있다. 상어는 부레가 없기 때문에 바다에 계속 떠 있으려면 나름의 방책이 필요하다. 표층에 사는 청상아리는 평생 동안 쉬지 않고 헤엄쳐 다녀야 한다. 반면에 심해에서는 먹이를 구하기 힘들기 때문에 기름을 비축해 둔다. '기름을 마신다'고 하는 것으로 보아, 살오징어와 함께 잡히는 이 상어는 심해에 사는 상어라는 얘기다.

원양에서는 밤 동안 표층의 생물과 심해의 생물이 한 공간에 공존한다.

"기름갈치꼬치와 외줄갈치꼬치는 살오징어를 잡을 때 함께 잡히는 거예요."

오지마섬 출신인 어떤 사람이 나중에 이런 이야기도 해 주었다. 이런 점으로 볼 때 살오징어를 낚는 곳은 헤이에르달이 여행한 바로 그 세계다. 오징어가 나부끼는 풍경은 어촌 어디서나 볼 수 있는 풍경일지 모른다. 하지만 오지마섬에서 오징어를 말리는 모습을 보면서 왠

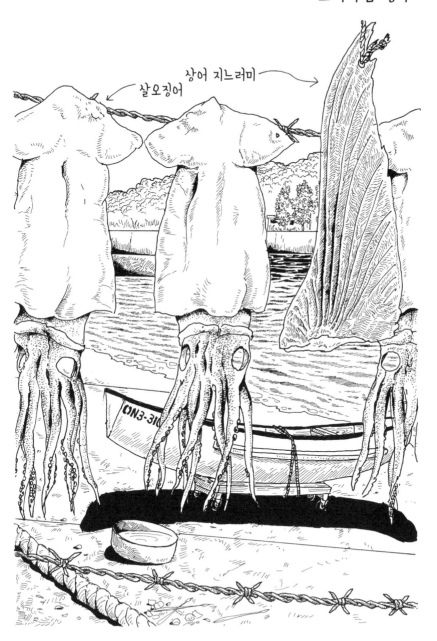

오지마섬 항구

상어 지느러미
살오징어

지 모를 두근거림을 느꼈다.

살오징어 말린 것을 사 와서 먹어 보니 '닭새우와 지우개를 섞어 놓은 맛'은 절대 아니었다. 맛있었다. 한편 상어 고기는 헤이에르달이 쓴 대로 대구와 맛이 비슷했다. 이것으로 헤이에르달이 만난 물고기들을 나도 얼추 만났다는 생각이 들었다.

이날 헤이에르달의 뒤를 쫓는 나의 여행이 일단락되었다는 기분이 들어서, 나 혼자 조용히 오키나와 특산주인 아와모리로 축배를 들었다.

어느 날 다케 씨가 우리 집에 놀러 왔다.

"선생님 집에서 뼈 냄새가 나요. 하하하!"

다케 씨의 말에 둘이 함께 한바탕 웃었다.

"어렸을 때는 주변이 온통 바다였기 때문에 학교 끝나자마자 가방을 던져 놓고 바다로 달려갔어요. 몇 번이나 빠져 죽을 뻔했지만 가까이 있던 사람들의 도움으로 가까스로 살았어요. 여름 방학 숙제도 바다로 가서 복이나 학꽁치를 잡아서 알코올에 담그는 것으로 끝냈어요. 방학이 끝날 때까지 아무것도 하지 않았죠. 그때는 바다에 물고기가 가득했어요."

다케 씨는 어릴 때부터 바다와 가깝게 살아온 사람이다. 이따금 우리 집에 놀러 와 스기모토와 나에게 어린 시절 이야기를 들려준다.

"만새기는 배로 스멀스멀 다가와요. 정말 싫은 녀석이에요. 줄낚시를 하면 1킬로미터 정도 되는 줄에 바늘을 120개씩 매달고 배를 젓는데, 도중에 만새기가 걸리면 큰일 나요. 만새기는 바늘에 걸리면 뛰어오르거든요. 그럼 늘어놓은 낚싯줄이 모두 날아올라서……."

오키나와섬에서 배로 두 시간가량 나가면 그곳은 원양이다. 섬 그림자도 보이지 않고 파도가 거세진다. 5미터 거리에 있는 배도 모습이 보이지 않는다고 한다. 그곳엔 만새기를 비롯해 다랑어, 돛새치도 찾아온다. 그리고 때로는 예상치 못한 만남이 기다리고 있기도 한다.

어떤 날은 배 저편에서 새카만 구름 같은 것이 점점 다가와 배를 에워쌌다고 한다.

"그러다가 작은 오징어가 구름 떼처럼 몰려들더니 뛰어오르지 뭐예요. 영화에서도 그런 건 본 적이 없어요."

다케 씨는 살오징어의 비행을 목격한 적이 있다. 그것도 살오징어가 배로 날아드는 장면을. 밤새 오징어를 낚기도 했다는 것이다.

"그럴 때면 정체를 알 수 없는 물고기들이 배 옆을 지나갔어요. 뒤에서 이상한 소리를 내기도 해요. 무서워할 틈도 없어요. 밤은 모험이 있어 즐거워요. 말로는 설명할 수 없지만요."

한밤중에 오징어 낚시를 하면서 다케 씨는 심해에서 찾아온 방문자들을 아주 가까이에서 마주한 것이다. 다케 씨의 이야기를 듣고 생각했다.

'헤이에르달이 경험했던 것들이 바로 이런 것이 아닐까?'

《콘티키호 탐험기》에 등장한 물고기들 중에 만날 수 없다고 생각한 물고기가 딱 하나 있다. 바닷가에서도 주울 수 없고, 시장에도 팔지 않을 거라고 생각했다. 그 물고기에 관해 헤이에르달은 다음과 같이 기록하고 있다.

아무리 상상력을 발휘해도 그렇게 소름 끼치게 무서운 바다 생물을 창조해 낼 수 있을까?

이 괴물이 바로 바다 생물 중에서 가장 큰 고래상어다. 오늘날에는 수족관에 가면 고래상어를 볼 수 있다. 그러나 헤이에르달이 묘사하는 고래상어의 모습은 수족관에서 헤엄치는 고래상어와는 다르다. 고래상어는 플랑크톤을 먹고 사는 생물이지, 사람을 먹지 않는다. 그러나 청상아리를 낚아 올리던 헤이에르달에게는 고래상어가 무서운 존재로 비추어졌다.

고래상어는 어마어마하게 크다. 콘티키호의 탐험대원들은 작은 뗏목을 타고 망망대해에 떠 있었기 때문에 고래상어를 특히 무서워했다.

다케 씨도 고래상어를 만난 적이 있다고 한다.

"오징어 낚시를 하고 있을 때였어요. 불을 밝혀 두어도 주변밖에 안 보이거든요. 거기에 배보다 커다란 물고기가 불쑥 나타났어요. 제발 배를 건드리지 말아라, 저리로 가라, 마음속으로 빌었어요. 목소리가 나오질 않았어요."

다케 씨가 느꼈던 공포도 헤이에르달이 느낀 것과 다르지 않다.

'오키나와를 거대한 뗏목이라고 본다면 여기 살고 있는 사람은 헤이에르달과 비슷한 경험을 하고 있구나.'

다케 씨의 이야기를 듣고 그렇게 생각했다.

하지만 이야기는 그렇게 단순하지 않았다. 오키나와가 태평양의 뗏목이라는 내 생각은 뿌리부터 흔들리게 된다.

환초의 물고기들

　여름 방학이 막바지에 접어들 무렵 나는 지바에 갔다. 앞에서 쓴 것처럼 오랜만에 대학 동창들을 만났는데, 그중 한 명인 게무리는 지바현 중앙 박물관에 근무하고 있었다. 오키나와로 돌아오기 전에 게무리와 함께 박물관에 들러 오랜만에 구로즈미를 만났다.

　구로즈미는 조개를 연구한다. 원래는 달팽이를 연구했지만 바다의 조개에 대해서도 잘 알고, 최근에는 조개 무덤에서 나오는 조개들을 연구하는 데 푹 빠져 있었다. 류큐 대학 출신이라서 오키나와의 자연에도 밝았다. 무엇보다 달팽이나 조개에 관해 이야기를 시작하면 멈추질 못했다.

　"오랜만이에요."

　인사를 하는가 싶더니 구로즈미는 곧바로 달팽이 이야기를 늘어놓기 시작했다.

　"오키나와의 달팽이를 주변 지역의 달팽이와 비교해 보면 전혀 다르다는 걸 알 수 있어요."

　무엇보다 대만이나 본토 등 인접 지역과 비교해 보면 오키나와의 달팽이는 뚜렷한 특징이 있다고 말한다. 그것은 구로시오 해류 탓이라고 말을 이어 갔다. 이 말을 듣고 내 '오키나와 뗏목설'에 힘이 실리는 기분이었다.

"실은 최근에 물고기를 집중적으로 살펴보다가, 오키나와 사람들이 접하는 물고기들이 원양의 물고기라는 것을 알게 됐어. 그래서 오키나와는 태평양에 떠 있는 뗏목이라는 가설을 세웠지……."

나는 지금까지 연구해 온 내용을 구로즈미에게 간추려 들려주었다. 구로즈미도 당연히 동의할 거라고 생각했다.

"그건 아닌 것 같아요."

의외로 구로즈미는 내 생각에 동의하지 않았다. 나는 당황했다.

"오키나와 사람들이 접하는 물고기는 환초의 물고기예요. 환초 때문에 오히려 물고기를 제대로 접하지 못하고 있다고 할 수 있을 정도예요. 그건 조개도 마찬가지예요. 즉, 오키나와는 환초 안의 어패류만 이용하며 살아왔어요. 오키나와 사람들은 원양을 의식하지 못하고 살아온 셈이죠."

뜻밖의 말이었다.

"제가 류큐 대학에서 공부하던 25년 전만 해도 낚시를 하는 사람이 거의 없었어요. 오키나와는 의외로 바다의 문화가 얕아요. 왠지 아세요?"

"혹시 류큐 왕조 시대의……."

"그래요. 사람들을 농사일에 묶어 두었기 때문이에요. 사람들이 바다로 갈 수 있는 것은 특정한 행사 때뿐이었죠."

구로즈미의 이야기를 정리해 보자. 류큐 왕조에서는 농산물로 세금을 걷었다. 당시 세금은 지역 특산물로 바치게 했는데, 주로 쌀이나 밤 그리고 여자들은 직물을 바쳤다. 농사일에 쫓기는 오키나와 사람들은 바다 생물을 이용할 여유도 없었고, 또 이용하더라도 고작 환초의 어패류였다는 것이다.

그런 역사적인 영향이 최근까지 오키나와에 짙게 남아 있다. 그러므로 오키나와는 지리적으로 보면 분명 '태평양의 뗏목'이 맞지만, 오키나와에 사는 사람들이 바다를 어느 정도 의식하고 있는지는 별개의 문제라고 볼 수 있다는 것이다.

난 조금 충격을 받았다. 도저히 믿을 수가 없었다.

오키나와로 돌아와 바로 도서관으로 향했다. 《일본에서의 해양민 종합 연구》라는 책이 눈에 들어왔다. 대충 훑어보니 어느 한 구절이 눈에 들어왔다.

오키나와에 대해 말할 때 바다를 떼어 내고 말할 수는 없다. 그럼에도 불구하고 오키나와 사람들은 농경민의 성격이 강하고, 해양민의 성격은 약하다. 해양민의 성격을 가지는 민중은 거의 없다고 볼 수 있다.

구로즈미의 지적이 옳았던 것이다.

이번에는 오키나와의 유적에서 어떤 물고기의 뼈가 출토됐는지를 살펴보기 위해 도서관에서 고고학 자료를 죄다 훑어보았다. 예를 들어 오키나와현 매장 문화재 센터의 조사 보고서를 보면, 슈리성의 유적에서 다음과 같은 물고기들이 출토되었다.

동갈치목	동갈치
농어목	흰점퉁돔의 일종
	감성돔
	참돔
	갈돔
	큰눈갈돔
	혹돔
	노랑점놀래기
	바이칼라파랑비늘돔
	블런트헤드파랑비늘돔
	엠버파랑비늘돔
	참바리의 일종
	쥐돔
참복목	파랑쥐치
	가시복 외

이렇게 목록에 나와 있는 물고기를 보면 모두 연안성 물고기다.

유적에서 출토되는 물고기들은 뼈가 단단한 물고기들뿐이다. 또 특징이 없는 뼈는 어떤 종인지 판가름하기 어렵다. 그러므로 당시 사람들이 먹었던 물고기와 목록에 있는 물고기는 차이가 있을 것이다. 그래도 연안의 물고기, 즉 환초의 물고기를 주로 이용하며 살았던 것은 분명하다.

여름 방학이 며칠 남지 않은 어느 날, 구니마사 씨를 만나러 미나미다이토섬에 갔다. 마침 오키나와에 태풍이 가까이 오고 있을 때였다. 높은 파도가 섬을 에워싸고 절벽에 철썩철썩 부딪쳤다. 구니마사 씨와 아침저녁으로 그 파도를 보고 있자니, 바로 여기가 바다 밑에서 우뚝 솟은 섬이라는 걸 실감할 수 있었다. 다이토섬에서 유명한 기름갈치꼬치도 먹고 싶었지만 무엇보다 구니마사 씨에게 물어보고 싶었던 것이 있다.

오키나와 북부의 작은 마을에서 태어나고 자란 구니마사 씨는 바다와 어떻게 관계를 맺으며 살아왔을까? 나는 그 이야기가 듣고 싶었다. 구니마사 씨가 자란 오쿠라는 곳은 뒤에는 산이 있고 앞에는 바다가 펼쳐져 있다.

"바다는 좀처럼 가지 않았어."

구니마사 씨는 먼저 그렇게 입을 뗐다. 눈앞에 바다가 펼쳐져 있었지만 좀처럼 갈 수가 없었다고 한다. 그 이유는 늘 농사일로 바빴기

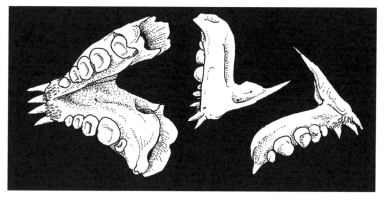

유적에서 자주 출토되는 큰눈갈돔의 이빨

때문이다.

"밭 근처에 바다가 있으면 여름 방학에 문어를 잡기도 했어. 하지만 우리가 바다에 갈 수 있는 건 주로 추석 즈음이었지. 벼도 다 베고, 작물 재배는 한창이지만 잠깐 짬이 생길 때가 있거든. 그때 바다로 갔어. 물론 농사일은 끊임없이 바빴지만."

오키나와에서는 음력으로 추석을 쇤다. 그러므로 추석 다음 날은 반드시 사리(음력 보름 무렵 밀물이 가장 높은 때)이다. 이날은 매년 바다로 나가는 날이었다고 한다.

"초등학교 저학년 또래의 아이들은 조개를 줍고 낚시를 했지. 5학년부터 중학생들은 함께 바다로 나가 헤엄치면서 낚시를 했어. 썰물이 빠졌을 때 새끼 문어를 잡아다 미끼로 쓰곤 했어. 그래서 밀물이 꽉 들어차면 가까운 바다로 나가 낚시를 했어. 놀래기라든가 갈점바리, 때로는 노랑꼬리갈돔도 낚았지."

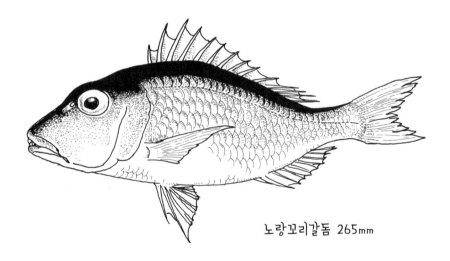

노랑꼬리갈돔 265mm

하나같이 몸집이 작은 물고기들이었다고 한다. 이 이야기는 어린이들이 바다와 얽혀서 어떻게 살았는지를 보여 준다.

어른들의 경우는 마을 사람들이 둘로 나뉘어 통나무배를 한 척씩 타고, 환초를 두 구역으로 나누어 바다를 이용했다고 한다. 역시나 바다로 나가는 일은 거의 없었다고 했다.

"주로 다리가 불편한 할아버지만 바다에 물고기를 잡으러 갔어. 이 할아버지는 농사도 못 짓고 산에 가서 채집도 할 수 없었기 때문에 바다로 나갔던 거야."

원양은 말할 것도 없고 눈앞에 펼쳐져 있는 환초도 예전에는 일상에서 아득히 먼 존재였던 것이다.

"그래도 독가시치 치어가 해안에 들어오면 모두 벼를 베다가도 바다로 갔어. 몇몇 사람들이 바닷물이 빠질 때 환초로 가서 독을 흘려서 물고기를 잡았지."

앞바다에 살고 있던 독가시치의 치어는 여름이 되면 환초 안으로 몰려온다. 그러면 스키마 수페르바라는 나무의 껍질에서 나온 독으로 물고기를 마비시킨 다음 잡아 올렸다고 한다.

"바다는 좀처럼 가지 않았어."

구니마사 씨의 이 한마디가 말해 주듯이, 예전 오키나와 사람들은 바다를 활용할 수 있는 여건이 되지 않았다. 구니마사 씨의 이야기도 구로즈미의 이야기를 뒷받침해 주었다.

여름 방학이 끝나고 새 학기가 시작되었다. 나는 오키나와 사람들이 물고기를 어떻게 이용하며 살아왔는지 생생하게 들을 수 있는 현장이 가까이에 있다는 것을 깨달았다.

산호 학교에는 중학교 저녁반이 있다. 집안 사정으로 어린 나이에 일터로 떠밀려 의무 교육을 받지 못했던 사람들을 위한 수업이다.

저녁 6시가 되면 낮에 등교한 학생들과 교대로 중학교 저녁반에 다니는 학생들이 등교한다. 학생들이라고는 해도 어르신들이 대부분이다. 게다가 대부분 아주머니들이다. 우리는 친근하게 '저녁반 중학생 아주머니'라고 부르고 있다.

"수십 년간 이날을 기다렸어요."

글을 읽지 못하는 사람들, 쓰지 못하는 사람들, 학습 능력은 천차만별이지만 공부에 대한 열정은 다르지 않다. 나는 저녁반 수업을 하지 않으므로 아주머니들과 그다지 친하지는 않다. 그래도 쇠뿔은 단김에 빼라고, 저녁 수업이 시작되기 전에 교실로 가서 아주머니들에게 어떤 생선을 주로 먹었는지 물었다.

질문이 끝나자마자 난감한 상황이 벌어졌다. 아주머니들이 일제히 입을 열어 여기저기서 대답을 하기 시작한 것이다. 그것도 오키나와 말로. 동시에 정신없이 말을 하는 데다 그나마 알아들은 말도 메모할 틈을 주지 않았다.

"참바리가 맛있어요. 아니면 갈돔이나 독가시치요. 독가시치의 치어는 물론 다 자란 독가시치도 먹었어요. 샛줄멸도 자주 먹었고요."

"자리돔 먹었어요."

"상어가 맛있어요. 작은 녀석이에요."

아주머니들이 말하는 건 역시나 모두 연안의 물고기들이었다.

"놀래기도 먹었어요."

이런 대답도 나왔다. 환초에는 놀래기가 여러 종 서식하고 있다. 그러므로 어떤 놀래기인지는 알 수 없다. 마침 나도 그 전날 저녁에 놀래기를 먹었다.

원양의 물고기만 뒤쫓던 나는 구로즈미의 이야기를 계기로 환초의 물고기에도 관심을 갖기 시작했다. 그래서 시장에 가서 저녁 반찬을 돌아보는 김에 환초의 물고기를 찾아보기로 했다.

생선 가게 한 곳에서 발걸음이 멎었다. 얼음 위에 샛노란 물고기가 놓여 있었던 것이다. 눈길을 끈 것은 몸 색깔뿐만이 아니었다. 입이 괴상하게 튀어나온 이상한 물고기였다.

"긴턱놀래기예요."

뜻밖의 만남이 반가웠다.

"전 긴턱놀래기를 좋아하거든요. 한번 손으로 만져 보고 싶어요."

아주 오래전부터 스기모토가 그렇게 말하곤 했다. 스기모토의 말을 듣고 도감을 펼치자 거기에는 괴상하게 생긴 물고기의 사진이 실려 있었다. 그런 물고기를 시장에서 보게 될 줄이야.

"이거 얼마예요?"

"뭘 하려고요?"

가게 아주머니가 되묻자 나는 당황했다.

"그림이라도 그릴 거예요?"

"그림도 그리지만 다 그리고 나서 먹으려고요."

"이거 먹을 수 있어요?"

어라? 먹을 수 있으니까 여기서 파는 거 아닌가?

발밑의 물고기 ·

긴턱놀래기

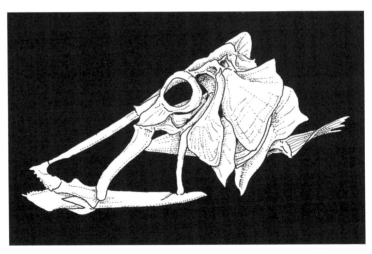

긴턱놀래기 머리뼈 80mm

"나도 처음 보는 물고기예요."

그렇게 대답하고 나서 아주머니는 큰 소리로 웃었다.

연안 바다는 원양에 비해 물고기 종류가 훨씬 더 풍부하다. 생선 가게 아주머니도 본 적 없는 물고기가 연안에서 헤엄치기도 하는 것이다. 긴턱놀래기는 14,500엔이었다. 먹을 수 있는지 모르겠다고 하면서도 아주머니는 계산은 정확히 했다.

집에 가지고 돌아와 스케치를 했다. 손으로 턱을 잡고 앞뒤로 밀자 인상, 아니 어상이 한순간에 바뀌는 재미있는 물고기였다. 산호초에서 작은 동물을 잡아먹기 때문에 순식간에 입을 길게 빼서 먹이를 잡는다.

이 머리뼈를 골격 표본으로 만들 생각을 하니 무척 기대되었다. 물론 몸통은 요리해서 먹었는데, 엄청나게 맛이 없었다. 고기가 연하면서 어쩐지 역겨운 냄새도 났다. 먹기에는 적절하지 않은 물고기라는 생각이 들었다.

'못 먹는 물고기도 파는구나.'

중학교 저녁반 아주머니가 먹은 놀래기는 어떤 종류의 놀래기일까? 그리고 그 놀래기는 맛있었을까?

오키나와 사람들은 오랫동안 농사일에 전념해 왔기 때문에 원양은 관심 밖에 있었다. 따라서 원양을 느낄 기회는 적었지만 오키나와 사람들은 바다에 사는 물고기들과 관계를 맺으며 살아왔다. 지바에서 태어난 나는 그런 역사를 아직은 살짝 엿볼 수 있는 정도에 지나지 않는다. 환초의 물고기야말로 나에게는 아직 먼 존재이다.

붕어로 만든 약

항구의 절벽 위에서 다케 씨가 바닷속에서 헤엄치는 몸집이 가늘고 긴 물고기를 가리키며 나에게 이름을 알려 주었다. 이 물고기는 몸이 가늘고 긴데, 머리끝이 길게 뻗어 있고 끝에 작은 입이 달랑 붙어 있는 것이 특징이다. 큰가시고기목의 '홍대치'라는 물고기다. 홍대치는 오키나와에서는 평범한 물고기다. 바닷가를 걸으면 독특하게 생긴 뼈가 떨어져 있는 걸 흔히 볼 수 있다.

"뭐지? 홍대치 뼈인가?"

뼈를 보고도 더 이상 줍지 않는다. 그러므로 절벽 밑 바닷속에서 홍대치가 헤엄치는 모습을 보고도 별 감흥이 없다. 다케 씨가 이날 처음 홍대치의 오키나와 이름을 알려 주었다. 이름이 너무 길어서 발음이 꼬일 것 같았다. 한 번 듣고는 도저히 기억할 수 없어서 나중에 여러 번 되물어야 했다.

다케 씨와 함께 바다로 나가면 물고기를 볼 때마다 이런 식으로 오키나와 이름을 하나하나 가르쳐 준다.

한 번은 그물을 쳐 놓은 곳으로 갔는데, 망에 걸린 물고기의 오키나와 이름을 하나하나 가르쳐 주었다. 사시키 마을에 있는 물이 얕은 개펄에 그물을 쳐 두었더랬다. 진흙 개펄에는 환초와는 또 다른 물고기들이 서식하고 있다. 이때 그물에 걸린 물고기를 나열해 보면 다음과 같다.

대전어	살벤자리
류큐대전어	큰비늘숭어
둥글고려주둥치	육선점퉁돔
짧은게레치	줄무늬고등어
휩핀게레치	살벤자리의 일종
하스돔	갈치
날매퉁이	실꼬리돔의 일종

다케 씨는 조금도 막힘 없이 물고기 이름을 줄줄 읊었다. 같은 오키나와섬에서도 지역마다 이름이 다르다. 다케 씨는 오키나와 안에서도 사시키라는 특정한 지역의 문화를 물려받은 사람이다. 오키나와의 문화를 몸에 익히고 있는 오키나와 사람이 조금 부럽기도 했다. 그러나 내가 오키나와 사람이 아니기 때문에 오히려 눈에 보이는 것

홍대치 머리뼈 278mm

이 있다는 것을 잘 안다.

"여보세요?"

전화기 건너편에서 밝고 명랑한 소리와 함께 호탕한 웃음소리가 들렸다.

"선생님, 저 오카예요. 비와호 물결이 너무 거세서 붕어가 아직 올라오지 않았어요. 물고기 머리를 갖고 싶으시지요? 부모님께 말씀드리니 도와주신대요. 상태가 좋은 것으로 보내 드리고 싶은데, 지난주 내내 호수가 거칠어서 괜찮은 게 올라오지 않네요. 조금 더 기다려 주세요."

오카는 시가현에 있는 일본 최대의 호수, 비와호에서 선주로 일하는 청년이다. '식탁의 뼈 바르기' 프로젝트를 시작하기 2년 전 여름에 처음 만났다. 군마현 산속에서 열린 어린이 캠프에서였다. 나는 거기에 '뼈 선생님'으로 초대받았고, 그래서 배낭에 뼈를 잔뜩 쑤셔 넣고 참가했다. 캠프에서 만난 오카는 개성 넘치는 청년이었다.

간사이 지방 사투리를 심하게 썼고, 아주 짧은 갈색 머리에 코에는 피어싱을 했다. 직업은 서퍼라고 했다. 왜 서퍼가 거기 왔느냐고? 오

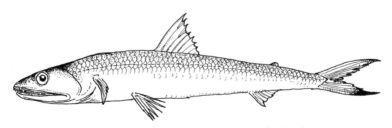

날매통이 260mm

카는 캠프에서 캠프파이어를 관리하는 일도 했다. 그 일에 있어서는 전문가로, 가죽 장갑을 끼고 새빨간 장작불을 사방으로 흩뿌려서 아이들을 놀라게 하기도 했다. 이 캠프에서 만난 오카가 2년이 지난 뒤 나에게 불쑥 전화를 걸었다.

"선생님, 아직 오키나와에 계신가요? 뭐 하세요? 저 오키나와에서 취직했어요."

내가 기억하는 오카의 모습으로는 전혀 상상도 할 수 없는 곳에 취직을 했다는 거다. 그리고 자신이 직접 만든 은어 초밥을 보내 주겠다고 했다.

"은어도 좋지만 잉어나 붕어를 보내 줄 수 없을까?"

"보내 드릴 순 있는데 뭐 하시게요?"

"뼈를 바르려고 하는데……."

물론 오카는 내가 '뼈 선생님'이라는 걸 알고 있다. 하지만 골격 표본을 만들기 위해 물고기를 보내 달라고 하니 어이없어했다.

"선생님, 아직도 그런 거 하세요? 이제는 좀 변변한 일을 하시는 게 어때요?"

그렇게 한 소리 듣고 말았다. 그래도 좋은 것을 찾아서 보내 주겠다고 약속했다. 그리고 중간에 일이 어떻게 되고 있는지 일부러 전화 연락을 해 주기도 했다.

내가 오카에게 잉어나 붕어를 부탁한 데는 이유가 있다. 오키나와에서는 이런 민물고기를 손에 넣기가 힘들기 때문이다.

오키나와는 바다 한가운데 있는 섬이기 때문에 원래 민물고기가 드물다. 평생 동안 일정한 시기에만 바다에서 지내는 은어나 무태장어, 장어를 제외하고 순수한 민물고기는 붕어, 미꾸리, 송사리 등이다. 이 밖에 드렁허리나 버들붕어, 잉어도 있는데 하나같이 외부에서 들어온 물고기들이다. 붕어나 미꾸리 역시 오래전에 유입된 것으로 추정하고 있다.

오키나와의 섬들은 바다에 둘러싸여 있다. 그런 점 때문에 오로지 바닷물고기만 접할 거라고 생각하기 쉽다. 하지만 바다로 갈 여유가 없을 정도로 농사일에 매인 사람들에게는 환초의 물고기보다 민물고기가 훨씬 더 친숙하다.

마찬가지로 민물에 사는 우렁이도 많이 이용한다. 그런데 1960년대 이후 오키나와의 논은 점차 사탕수수 밭으로 모습을 바꾸었다. 또 농약이 보급되어 수질도 오염되기 시작했다. 주변에서 흔히 볼 수 있던 어패류는 차례차례 모습을 감추었다.

지금 오키나와 아이들에게는 전쟁 후 유입된 구피나 틸라피아가 훨씬 더 익숙할 것이다. 나하의 도심 가까이에 있는 산호 학교 주변에서도 이 물고기들을 쉽게 볼 수 있다. 그렇지만 40대 이후의 사람들에게는 붕어에 대한 기억이 아직도 강하게 남아 있을 것이다.

내가 붕어에 관심을 갖게 된 이유는 이렇듯 세대 간의 격차가 뚜렷하기 때문이었다. 붕어가 오키나와 자연의 변화를 보여 주는 대표적인 소재가 될 수 있다고 생각한 것이다.

붕어에 대해 늘 그렇듯 구니마사 씨에게 물어보았다.

"붕어는 천식이나 결핵의 치료 약이었어. 우리는 된장을 넣고 끓여서 먹었지. 그렇게 하면 흙냄새가 없어지거든. 옛날에는 잉어는 없었어. 내가 자란 오쿠에서는 수확 시기엔 논에서 물을 빼기 때문에, 물 웅덩이에 붕어와 새우가 많아서 실컷 잡았어."

붕어는 음식으로 먹기보다는 약으로 쓰인 것이다.

다음은 다케 씨의 이야기다.

"최근에는 붕어가 안 보이네요. 옛날에는 탕약으로 달여서 먹었어요. 그거 되게 맛없어요. 감기에 걸리면 부모님이 달여 주셨지요. 옛날에는 사탕수수 밭에 있는 웅덩이가 깨끗해서 작은 생물들이 살았어요. 드렁허리도 있었고요. 드렁허리는 된장에 구워 먹었어요."

그러고 보면 어렸을 때 붕어를 끓여 먹었다는 이야기를 여기저기서 들을 수 있다.

슈리 출신의 어떤 사람은 이렇게 가르쳐 주었다.

"내가 어렸을 때는 슈리성 연못에도 붕어가 있어서 낚시하러 갔어요. 어렸을 때 열이 나면 부모님이 붕어와 씀바귀를 넣고 끓인 탕약을 마시게 했어요. 감기에 직방이거든요. 감기약보다 잘 들어요. 붕어는 약으로 먹기 때문에 많이 팔았어요."

지금 슈리성의 연못에는 붉은귀거북이라든가 틸라피아라든가, 거대한 플레코(남미산 메기)가 활개를 쳐서, 흡사 외래종들의 전시장처럼 되어 버렸다. 외래종을 보면 도저히 붕어가 있다고는 생각되지 않는다.

나는 이야기를 듣고 대꾸했다.

"맞아요. 옛날에는 붕어를 약으로 먹었다고 들었어요. 하지만 이제는 붕어 수가 적어져서 젊은 사람들은 먹어 보지 못했을 거예요."

그러자 슈리 출신 사람은 그렇지 않다는 것이다.

"우리 아이들도 먹었는걸요. 아마 지금도 팔고 있을걸요."

슈리 출신 사람이 자신 있게 말했다. 하지만 최근 들어 붕어를 파는 건 본 적이 없다. 예전에 붕어를 팔던 가게가 문을 닫은 모습만 본 적이 있다. 그 가게도 이제 다 철거했다.

대화를 하다 보니 문득 떠오른 생각이 있다. 친숙한 자연일수록 조용히 사라진다. 그리고 그 기억이 강하게 남는 만큼 눈앞의 변화를 잘 알아채지 못하는 법이다.

"잉어랑 붕어, 그리고 끄리예요. 비와호의 산천어도 보내요. 이 정도면 괜찮지요? 끄리는 제법 큰 것을 찾았어요. 꽤 멋있어요. 선생님은 머리만 필요할 것 같아서 머리만 보낼까도 생각했는데, 그렇다고 머리만 달랑 보내기도 좀 그래서 그냥 다 보내요."

오카가 보내 준 잉어와 붕어, 끄리의 머리뼈 골격 표본을 만들었다. 모두 잉어목 잉엇과의 물고기들이다. 비교적 원시적인 물고기들에 속한다. 잉엇과 물고기들은 턱에는 이빨이 없다. 대신에 목니가 발달했다. 그중에서 끄리는 식성에 맞게 진화하여 턱을 갈고리 모양으로 변화시켜서, 먹이를 쉽게 잡을 수 있다.

"정말로 뼈를 보내 주셨네요! 깜짝 놀랐어요. 멋있는데요."

물고기를 보내 준 답례로 오카에게 갈치의 골격 표본을 보냈더니 다시 잘 받았다는 전화가 왔다.

"오키나와에 살면서 끄리는 처음 봤어요. 골격 표본은 다 만드셨어요? 끄리의 머리뼈는 상상이 가지만 잉어는 어떨지 궁금해요."

잉엇과 물고기는 머리뼈 표본을 만들기가 아주 쉽다. 얇은 껍질 한

겹만 벗기면 머리뼈 골격 표본을 거의 완성한 것이다. 그러므로 바닷물고기의 뼈를 바르는 데 익숙하면 잉엇과 물고기의 뼈를 바르다가 깜짝 놀랄지도 모른다. 살았을 때의 모습과 너무나도 비슷하게 생겼기 때문이다. 일본에서 가장 큰 호수인 비와호에서 잉엇과의 물고기들은 독자적으로 진화해 왔다.

초밥을 만드는 붕어나 떡붕어, 육식을 하는 끄리, 이 물고기들은 모두 비와호에서 사는 물고기들이다. 연안의 물고기들을 비롯해 심해나 표층에 사는 물고기들이 모두 진화의 역사가 있는 것처럼, 비와호의 물고기들에게도 진화의 역사가 스며 있다. 그 역사 속에서 비와호 고유의 물고기들이 생겨났다.

예를 들어 붕어는 바닥에서 서식하며 동물 플랑크톤이나 곤충의 유충을 먹고 산다. 한편 떡붕어는 식물 플랑크톤을 먹고 산다. 그러므로 떡붕어는 주로 표층에서 생활을 한다. 붕어도 표층에서 생활하는지, 심해에서 생활하는지 구분할 수 있는 것이다.

떡붕어는 매우 특수한 붕어다. 붕어에는 '아가미갈퀴'라고 불리는 조직이 있다. 이것은 미세한 먹이를 물속에서 잡는 돌기로, 아가미에 붙어 있다. 붕어나 금붕어는 아가미갈퀴가 60개 있는데, 떡붕어는 100개가 넘는다. 표층에 사는 붕어는 식물 플랑크톤을 먹게끔 특수하게 진화했는데, 아가미에 붙은 아가미갈퀴가 바로 그것이다.

"붕어는 어떻게 요리해 먹어? 초밥으로 먹는 것 말고 다른 요리 방법이 있어?"

오카에게 물어보았다.

"볶아 먹는 방법도 있긴 한데, 어부들이나 우리는 토막 치고 잘게 잘라서 고추장과 파를 넣고 먹어요. 비와호에 사는 붕어는 살이 두 툼해서 맛있어요. 그렇지만 선생님, 통째로 보내도 냉동시키지는 마세요."

나는 조림으로 먹었던 것 말고는 아직 붕어를 제대로 먹어 본 적이 없다. 오키나와에서는 붕어를 맛없는 생선으로 여긴다. 이리오모테 섬에 살고 있으면서 뱀이나 달팽이를 비롯해 심지어 이리오모테살쾡 이까지 먹어 봤다는 아주머니가 있다. 그 아주머니는 무엇이든 맛있다고 했지만 붕어는 맛이 없다고 혹평을 했다.

애당초 오키나와의 붕어는 몸길이가 8센티미터밖에 안 되는 작은 종이다. 전화로 오카가 들려주는 이야기를 듣다 보니 비와호 주변에 붕어를 비롯한 민물고기 문화가 얼마나 풍부한지 알 수 있었다.

"붕어를 말할 때 보통은 암컷을 말하는 거예요. 수컷은 가치가 없어요. 붕어 초밥은 누가 만들어도 맛있을 정도예요. 선생님은 골격 표본을 만드실 거죠? 그래서 수컷으로 30센티미터짜리를 보내려고 했는데, 낚싯꾼들이 수컷은 가치가 없다고 다 호수로 돌려보내요."

물고기에 대한 사람들의 생각은 지역마다 다양하다. 나는 오키나와에서 물고기를 만났기 때문에 원양의 물고기들에게 끌린 것이다. 만약 다른 곳에서 물고기를 만났다면 어땠을까? 아마도 그곳에서는 그곳 나름대로 또 다른 이야기를 찾아냈을 것이다.

그리고 내가 붕어에 대해 관심을 갖게 된 것은 내가 타지 사람이기 때문이다. 과거에 오키나와의 자연은 어땠는지, 이제는 이야기로 들을 수밖에 없다. 오키나와 자연의 옛 모습은 나에게는 아득히 먼 세

붕어

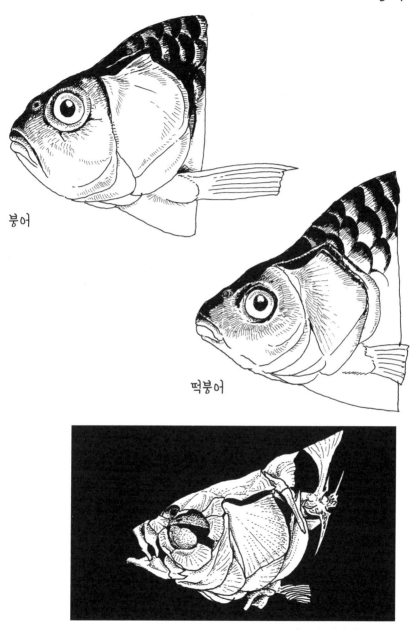

붕어

떡붕어

떡붕어 머리뼈 60mm

계이다. 반쯤은 오키나와의 자연을 동경하는 마음에서 붕어에 눈을 돌리게 된 것이다.

하루는 사시키 마을의 중학교 선생님들을 얀바루로 안내했다. 지금은 사시키 마을에 논이 전혀 없다. 그러나 삼사십 년 전에는 논이 펼쳐져 있었다고 한다. 얀바루로 가면서 오카가 보내 준 잉어와 붕어의 머리뼈를 선생님들에게 보여 주었다.

과연 자연은 놀라운 힘을 가졌다. 붕어를 달여 먹은 이야기가 차례차례 나오기 시작했다. 이렇듯 지금은 그나마 사람들의 기억 속에서 붕어를 만날 수 있다.

붕어의 자취를 따라가면서 나는 사람들에게 남아 있는 기억을 조금이라도 기록해 두고 싶어졌다. 그런 생각이 들 정도로 한 사람 한 사람이 붕어에 대해 이야깃거리를 가지고 있었다.

그리고 그런 이야기를 들으면서, 사람의 다양성은 그들이 사는 땅

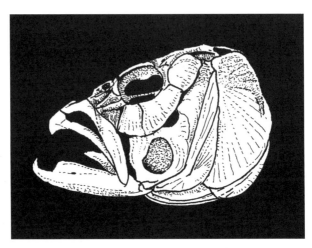

끄리 머리뼈 65mm

의 자연을 배경으로 할 때 비로소 확실히 드러난다는 생각을 하게 되었다.

만약 우리가 발밑의 자연을 모조리 잃어버린다면 어떻게 될까?

그렇게 되면 어디서 누구를 만나든 똑같은 이야기를 듣게 될 것이다. 그런 세상은 너무나 따분하다.

시대가 바뀌고 하루하루가 흘러간다. 우리는 시간 속을 표류하고 있다. 그러므로 나는 식탁의 뼈를 바르면서 내가 어디에 발을 디디고 있는지를 확인해 보고 싶어졌다.

동경하던 붉펑치

자연은 늘 그 자리에 있다. 그것을 한마디로 말하면 '야생'일 것이다. 사람들은 옛날부터 야생과 대립하여 살아왔다. 내가 《콘티키호 탐험기》에 매료된 이유는 결국 야생에 대한 동경이다. 그런 야생을 동경하면서도 야생과는 동떨어진 삶을 살고 있는 것이 지금의 나이다. 그 틈 앞에 난 묵묵히 서 있다.

식탁의 뼈를 바르다가 어느 날 문득 뼈는 일상에 숨어 있는 야생이 아닐까, 하는 생각이 들었다. 그러고 나서 식탁은 나에게 희미한 야생을 찾는 자리가 되었다.

그렇게 1년이 지났다.

한 해 동안 전체 끼니 수는 모두 1,091끼였다. 그중에 고기를 먹은 것은 632회이고, 뼈를 발라낸 것은 127회이다. 이것은 전체 식사 수에 비해 불과 11.6퍼센트에 지나지 않는다.

그래도 발라낸 뼈가 작은 종이 상자에 수북하게 쌓였다. 그리고 눈에 보이는 뼈와 더불어 어떤 것을 발견할 수 있었다.

한 해를 뒤돌아볼 때 가장 인상적인 만남이 무엇이냐고 묻는다면,

그것은 학생들을 데리고 시장을 견학하고 둘러본 것이다. 산호 학교는 학생 수가 많지 않다.

고등학교 2학년 학생들의 수업 시간에 있었던 일이다. 물고기 치어 그림을 자료로 사용했는데, 그림을 보여 주자마자 아야가 비명을 지르며 시선을 돌렸다.

"싫어요! 무서워요."

'어?'

아야가 겁이 많다는 건 예전부터 알고 있었다. 그러나 치어의 그림을 보여 준 것뿐이다. 게다가 사진도 아니고 스케치였다. 이 그림이 어디가 무섭다는 건지 알 수가 없었다.

"물고기 눈이 무서워요."

아야는 그렇게 말했다. 아야는 심각한 '물고기 눈 공포증'이었다. 그런 학생들을 데리고 어업 협동조합의 시장으로 견학을 가자는 이야기가 나왔다. 과연 견학을 잘 마칠 수 있을까?

새벽 3시 반에 우리 집 앞에서 모두 모였다.

"아야, 부탁이니까 무섭다든가 징그럽다고 소리치지 말아 줘."

나는 아야에게 살짝 속삭였다. 교실에서 하는 수업이라면 얼마든지 소리쳐도 상관없다. 하지만 오늘은 물고기와 함께 생계를 이어 가는 사람들의 일터로 들어가는 것이다. 아야가 고개를 끄덕였지만 그래도 속으로는 걱정이었다.

"우아!"

시장에 도착하자마자 아이들이 동시에 소리를 질렀다. 사방이 온통 물고기투성이였기 때문이다. 한 가지 놀란 게 있다면, 유독 무섭다고 눈을 돌리던 아야도 물고기에 빠져들었다는 점이다. 수업 시간에 보였던 두려워하던 모습은 어디 간 걸까? 아야가 몸을 뒤로 뺀 것은 껍질을 벗긴 가시복이 플라스틱 통에 수북이 쌓여 있는 것을 보았을 때뿐이었다. 그건 내가 보기에도 확실히 징그러웠다.

"앗! 물고기를 톱으로 자른다!"

학생들은 돛새치를 해체하는 모습을 보고 돌아가며 감탄사를 내뱉었다. 무심코 옆을 보다가 소나가 입을 우물거리는 모습을 보게 되었다.

"뭘 먹고 있어?"

내가 묻자 고기 조각이 날아와 옷에 붙길래 그것을 먹어 버렸다는 것이다. 소나는 워낙 먹는 것을 좋아하는 소녀긴 하지만, 날아온 고기를 먹을 정도면 대담하다는 말로도 부족하다.

다랑어를 한 마리 통째로 볼 기회는 그리 흔치 않은데, 다랑어도 줄줄이 놓여 있었다.

"돌고래랑 닮았네."

"등 색깔이 꽤 검구나."

그리고 소나는 어김없이 "맛있겠다!"를 연발했다.

"이건 무슨 다랑어일까?"

도감을 들고 있던 스기모토가 질문을 던지고 나서 도감을 뒤적거리기 시작했다. 지느러미가 긴 날개다랑어, 그리고 날개다랑어와 비슷하지만 꼬리지느러미가 길고 노란색인 황다랑어도 있었다.

"이건 눈다랑어야."

그 자리에서 다랑어의 이름을 하나하나 확인해 준다. 다랑어도 종류가 다양하다. 실물을 앞에 놓고 하나하나 확인해 나가는 것이다.

그런데 시장에 진열된 물고기들 중에서 학생들에게 가장 인기를 끈 물고기가 있었다.

"바다는 굉장한 곳이구나. 이런 생물도 살고 있다니. 공룡이 살던 시대에도 이렇게 신기한 생물이 있었을까? 아마 그럴 거야."

소나가 눈을 동그랗게 뜨고 말했다.

"어떻게 헤엄을 치는 걸까? 너무 궁금해."

겐타도 연신 감탄했다.

그것은 바로 붉평치였다.

붉평치는 '붉은개복치'라고 불리기도 한다. 개복치라는 이름이 붙어 있지만 개복치와는 전혀 다른 물고기다. 개복치는 복목이고, 붉평치는 이악어목 붉평치과의 물고기다.

이악어목이라는 말은 익숙하지 않지만, 앞에서 등장한 대왕산갈치도 여기에 속한다. 대왕산갈치는 가늘고 길게 생겼고, 붉평치는 전체적으로 둥그렇고 개복치와 비슷하게 생겼다. 그런데 개복치와 달리 다른 물고기처럼 꼬리지느러미가 붙어 있다.

개복치는 표층에 둥둥 떠다니면서 해파리를 먹지만 붉평치는 중층에 서식하는 심해어이다. 지느러미가 발달했다는 점에서 그저 바닷속을 떠다니는 것이 아니라 부지런히 헤엄쳐 다닐 거라고 예상할 수 있다. 선명한 붉은색 몸에 흰 점이 점점이 찍혀 있어서, 화려한 의상을 몸에 걸친 것 같아 눈길을 끈다.

"커다란 금붕어 같아요. 둥근 어항에 넣으면 재밌겠는데요."

겐타가 웃으면서 말했다.

"붉은색이 눈길을 확 끌어요."

"꼬리가 안 어울리는 게, 꼭 갖다 붙인 것 같아요."

"붉평치 너무 귀여워요."

"다랑어는 TV에서 봤는데 이런 알록달록한 물고기는 본 적이 없어요."

붉평치를 앞에 두고 아이들은 신이 나서 떠들었다.

아야마저도 붉평치에 흠뻑 빠져서 휴대폰을 꺼내 사진을 계속 찍어 댔다. 하지만 찍은 사진을 확인하자마자 기겁을 했다. 난 그 상반되는 행동에 웃어 버렸다. 하지만 어렴풋이 그 이유를 알 수 있었다.

아야가 수산 시장에서 무섭다고 소리치지 않았던 것도, 붉평치에 빠져든 것도 붉평치가 진짜로 살아 있는 생물이기 때문이다. 그런데 일단 그것이 휴대폰 화면 속으로 들어가자, 징그럽기만 한 그림으로 바뀌어 버린 것이다. 눈앞에 있는 진짜 생물과 진짜가 아닌 것의 차이를 아야는 몸소 느끼며 그것을 나에게 가르쳐 준 것이었다.

붉평치의 실물은 많은 것을 말해 주었다. 학생들은 붉평치를 실제로 보면서 이 물고기가 사는 바다를 생생하게 느끼고 있었다. 아야는 학교에 붉평치를 한 마리 사 갔으면 좋겠다고까지 말을 했다. 함께 갔던 사무국장 엔토모 씨가 바로 가격을 물으러 갔다. 그리 비싸지는 않았지만 사 와도 도저히 다 먹지 못할 것 같아서 이날은 구경만 하기로 했다.

"바다는 정말 넓은가 봐요. 붉평치도 있고, 다랑어도 있고, 이렇게 다양한 물고기가 가득 있다니!"

붉평치

시장을 한 바퀴 다 돌고 나서 아야는 매우 진지하게 말했다.

"겁내지 않고 용케도 잘 참았네."

아야는 무서웠지만 참았다고 대답했다.

'아, 그랬구나.'

아야는 흥미롭기도 하면서 무섭기도 한 두 가지 감정을 동시에 경험한 것이다. 그렇기 때문에 시장에 있는 물고기들에 다른 사람들보다 몇 배 더 민감하게 반응한 것이다. 여러 감정을 느끼는 학생들과 함께 시장을 둘러보면서 나도 새로운 깨달음을 얻었다.

시장 입구로 와서 회를 파는 가게를 지나치는데, 아야가 또 말했다.

"회를 보니까 또 다르네요."

그렇다. 내가 1년 동안 식탁의 뼈를 바르면서 느끼고자 한 것을 학생들은 시장에서 물고기를 직접 둘러보면서 느낀 것이다. 아주 잠깐 사이에 세상이 완전히 달라질 때가 있다. 아이들을 보면서 그렇게 생각했다.

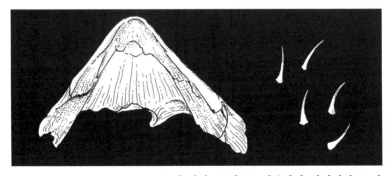

오에 씨가 보내 준 개복치의 위턱뼈와 목니

"즐거웠어."

헤어지면서 아이들은 이구동성으로 그렇게 말했다.

헤어지고 나서 난 생각했다. 늘 보던 것이지만 어느 날 새롭게 보이는 일들이 종종 생긴다고. 내가 아이들로부터 배운 것은 바로 그것이었다.

'식탁의 뼈 바르기'를 시작하고 1년이 지난 어느 날, 마트에서 붉평치를 발견했다. 사 와서 저녁으로 먹기로 했다. 회는 약간 질긴 느낌은 있지만 담백했다. 육질은 살짝 볶았을 때 더 잘 어울렸다.

그런데 요리를 했더니 역시 느낌이 다르다. 언젠가 붉평치를 통째로 한 마리 사 와서 학생들과 함께 먹고 싶다는 소박한 바람이 있다.

간절히 바라면 반드시 이루어지는 법.

나는 그렇게 생각한다.

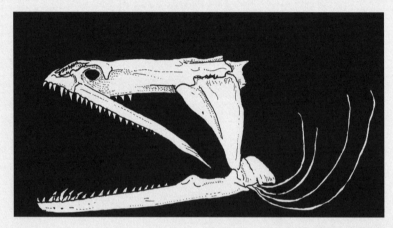

날쌘대왕곰치의 머리뼈

0월 0일 날씨 맑음

날씬대왕곰치를 잡다!

다케 씨가 그물로 날씬대왕곰치를 잡았다고 전화를 했다.

서둘러 사시키 마을 항구로 갔는데, 나를 기다리던 것은 2미터가

넘는 가늘고 긴 곰치였다.

껍질이 질겨 갖은 고생을 하면서 암벽에서 해체했다.

몸통은 집으로 가져와 된장을 넣고 찜을 했는데 양이 너무 많아서

혼자서 도저히 다 먹을 수 없었다. 학교에 가져가 학생들에게 나

눠 주었다.

역시나 큰 냄비에 가득했던 곰치는 아이들의 배로 들어갔다.

발라낸 머리뼈는 이전에 잡은 점박이곰치에 비해 가늘었다.

곰치의 머리뼈도 참 다양한 것 같다.

맺음말

생물들은 점진적으로 변화한다. 고등엇과의 진화 과정을 예로 들어 보면, 조상 물고기인 옛긴지느러미갈치에서 긴갈치꼬치, 그리고 고등어, 가다랑어, 다랑어로 진화했고, 진화 과정에서 나타난 물고기들이 현재도 계속 살고 있다. 다랑어에 비하면 고등어는 조상뻘이지만 고등어 나름대로 연안 영역에서 사는 방법을 찾아서 꿋꿋이 살아남았다.

어떤 물고기가 존재한다는 것은 그 물고기 나름대로 살아가는 방식이 있다는 뜻이다. 수수께끼의 물고기인 긴지느러미갈치의 생태에 관해서는 전혀 모르지만, 잠복형인 갈치와는 또 다른 삶의 방식을 몸에 익히고 있을 것이다.

며칠 전 옛 제자들을 만났다. 졸업한 지 7년이 지나 아이들은 각자 다양한 모습으로 살아가고 있다. 회사원, 프리랜서, 컴퓨터 기사, 극단 단원 등 여러 직업에 종사하고 있다. 그중에서 학교 다닐 때 교실을 쓰레기장으로 만들어 버리는 학생이 있었다.

자전거나 오토바이의 부속품을 주워 와서는 교실에 늘어놓곤 했다. 한 번은 리어카에 엔진을 달아서 도로를 달린 적도 있다. 그 아이를 얼마나 야단쳤는지 모른다. 그러던 아이가 지금 자동차 기술자가 되었다. 성장한 그 모습에 웃음이 나왔다.

졸업생들과 이야기를 하고 있으면 이 세상을 살아간다는 점에서 모두가 똑같다는 것을 느낀다. 일단 졸업을 하고 나면 나는 아이들보다 아주 조금 일찍 태어난 존재일 뿐이다.

"선생님, 요즘 뭐 하세요?"

이제는 졸업생들도 나를 친구처럼 대하며 그렇게 묻기도 한다.

"요즘은 일주일에 이틀씩 작은 학교에 가서……."

내가 살아가는 방법을 한마디로 설명하기는 어렵다. 사람들이 사는 방식은 다양하다. 그리고 한마디로 단정 지을 수 없는 직업도 있다.

그리고 요즘은 그러한 삶의 방식을 실천하며 살고 싶다는 생각을 한다.

긴지느러미갈치 같은 물고기도 있다.

그리고 나처럼 뼈에 빠져서 사는 사람도 있다.

한마디 말로 표현하기는 어려운 존재.

학생들이 나를 그런 사람으로 생각해 주면 좋겠다.

나는 그렇게 생각한다.

콘티키호의 물고기들

뼈의 학교 3

2023년 1월 31일 초판 인쇄

글·그림 모리구치 미쓰루 | **옮긴이** 박소연

기획 이성애 | **편집** 한명근 | **교정·교열** 권혜정
마케팅 한명규 | **디자인** 김성엽의 디자인모아

발행인 한성문 | **발행처** 숲의전설

출판등록 2002년 9월 16일 제2002-000291호
주소 주소 경기도 고양시 덕양구 삼원로 63, 1015호
전화 02-323-2160 | **팩스** 02-323-2170
전자우편 garambook@garambook.com
블로그 blog.naver.com/garamchild1577
인스타그램 instagram.com/garamchildbook
트위터 twitter.com/garamchildbook **유튜브** 가람어린이tv

ISBN 979-11-968104-5-0 03470